南 京 大 学 人 文 资 金 资 助

清代东阳民居
木构技艺研究

丛书主编 周学鹰

詹斯曼 马晓 著

天津大学出版社

TIANJIN UNIVERSITY PRESS

图书在版编目（CIP）数据

　　清代东阳民居木构技艺研究 / 詹斯曼，马晓著 -- 天津：天津大学出版社，2020.11
　　（南京大学考古文物系论丛 / 周学鹰主编 . 南京大学东方建筑研究所东阳三贤楼教学科研基地论丛）
　　南京大学人文资金资助
　　ISBN 978-7-5618-6838-6

　　Ⅰ . ①清… Ⅱ . ①詹…②马… Ⅲ . ①民居 – 木结构 – 古建筑 – 研究 – 东阳 Ⅳ . ① TU-241.5

　　中国版本图书馆 CIP 数据核字（2020）第 236424 号

　　Qingdai Dongyang Minju Mugou Jiyi Yanjiu

策划编辑　　郭　颖
责任编辑　　郭　颖
装帧设计　　魏　彬

出版发行	天津大学出版社
地　　址	天津市卫津路 92 号天津大学内（邮编：300072）
电　　话	022-27403647
网　　址	www.tjupress.com.cn
印　　刷	北京华联印刷有限公司
经　　销	全国各地新华书店
开　　本	210mm×297mm
印　　张	12.25
字　　数	181 千
版　　次	2020 年 11 月第 1 版
印　　次	2020 年 11 月第 1 次
定　　价	128.00 元

南京大学人文资金资助
南京大学考古文物系论丛
南京大学东方建筑研究所东阳三贤楼教学科研基地论丛

主编：周学鹰

副主编：马　晓　吴永旦　王玉珂

撰稿：詹斯曼　马　晓　吴永旦　楼望峰

制图及档案录入：詹斯曼　鲁　迪　马　晓　李思洋　何乐君　等

摄影：詹斯曼　马　晓　楼望峰　周学鹰　等

项目组成员：

南京大学历史学院：周学鹰　马　晓　李思洋　詹斯曼　鲁　迪　何乐君　宋　尧
　　　　　　　　　安瑞军　达志翔　赵　识　王翊语　鲍相志　石　川　崔晓培
　　　　　　　　　张丽姣　芦文俊　杨晨雨　唐奕文　贵　琳　彭金荣　王　珣
　　　　　　　　　郭玉菱　万小平　刘真吾　徐咏仪　等

三贤楼古建园林工程有限公司：吴永旦　葛仲彬　苏煌欣　楼望峰　陈尚英　楼若晗
　　　　　　　　　　　　　　吴　炜　沈新平　庄雪成　等

同济大学：张　伟

北京市古代建筑设计研究所有限公司：张　越　束金奇

故宫博物院：吴　伟

西安工程大学：高子期

参编：南京大学东方建筑研究所　三贤楼古建园林工程有限公司
　　　浙江万众达旅游投资有限公司　北京市古代建筑设计研究所有限公司

南京大学人文资金资助
南京大学考古文物系丛书
南京大学东方建筑研究所东阳三贤楼教学科研基地论丛

序

南京大学东方建筑研究所成立于2018年9月20日①。主要构想是：

①提升南京大学东方建筑、中国建筑史学、建筑考古学的综合研究实力；

②促进建筑史学、考古学、人类学、历史学等跨学科交流；

③结缘世界各地同道，开展学术交流与协作。

据此，南京大学东方建筑研究所将把有关东方建筑、建筑考古学、中国建筑史学、建筑遗产学、古代建筑鉴定与分析学、历史建筑修复与复原、历史文化名城（镇、村）保护规划、大遗址保护、考古遗址公园规划等的多种课题资源整合，打造学术融汇、发展的平台，坚持理论必须联系实际、密切汇通产学研，融合儒匠、沟通校企，结交世界各地的新朋旧友。

东阳三贤楼古建园林工程有限公司（以下简称"三贤楼公司"）成立于2008年，由吴永旦、葛仲彬、苏煌欣三位先生所创，旨在传承、弘扬以东阳营造为代表的我国优秀古建文化，初心可鉴、矢志不移。2018年，浙江万众达旅游投资有限公司董事长李峰毅然加入，同心协力、众志成城。

目前，三贤楼公司已发展成具有多种资质的大型综合性古建企业，在东阳本地古建断代、分析及修缮等方面渐成体系，拥有设计团队、木雕厂、石雕厂、砖雕厂、门窗厂、古典家具厂等，承揽诸如古建、仿古建筑、园林绿化、装修装饰等各类工程的规划、设计、修缮及施工。尤其在科技突飞猛进的时代，公司依然坚守传统雕刻技艺，拥有一支身怀绝技的、庞大的纯手工匠师队伍，对当地以传统东阳木雕为主的营造技艺传承有序，手工木雕技艺实力尤为雄厚。

2020年7月26日，南京大学东方建筑研究所与东阳三贤楼古建园林工程有限公司一起，在浙江金华东阳市巍山镇三贤楼公司总部举行了"南京大学东方建筑研究所东阳三贤楼教学科研基地"揭牌仪式。基地的宗旨在于，以三贤楼公司为依托，在记录、整理、研究东阳工匠手工技艺的基础上，沟通儒匠，面向全国，放眼世界，科学探究东阳营造技艺的特色及其历史文化地位。

本基地是南京大学东方建筑研究所在全国设立的第一个教学科研基地。校企"联姻"、强强联合，对推进东阳营造技艺传承与弘扬，具有重要意义。

①我国各地域传统建筑各具特色，或多或少均取得过令人印象深刻的技艺成就，当地人们亦深以为傲。可惜的是，由于各种各样原因，及时全面地搜集、记录、整理各地域工匠技艺等工作，没有跟上去，甚或高等院校与古建公司之间"老死不相往来"，儒匠隔阂，以致不少身怀绝技的匠师们人亡艺绝，泯灭无闻，令人痛心。本基地将尝试重新捡拾起中国营造学社创始者、中国建筑史学研究先行者朱启钤先生首倡的"沟通儒匠"精神。

②可喜的是，早在2008年6月，婺州传统民居营造技艺（东阳卢宅营造技艺）就入选了国家级非物质文化遗产名录，这就足证其在我国建筑史学、建筑考古学上的卓越地位。因此，我们理当在前贤已有

---

① 2019年4月23日，南京大学正式发布《关于成立南京大学东方建筑研究所的通知》。

众多出色研究成果的根基上，进一步系统、全面、科学地搜集、整理、提炼、概括其传统建筑技艺，有条不紊、条理清晰地理清其众多支流、流派、师承等，在深入探究以东阳木雕为著的东阳古建技艺成就基础上，形成客观、全面而深入的"东阳营造"成果。

③客观而言，东阳木雕在中国建筑史学上的现有地位与其曾经取得的辉煌成就之间，似乎不够切合。由此，详细记录、整理东阳木雕建筑文化，研究其建筑技艺特色，可在未来科学、严谨地为其历史文化定位。

④通过产学研的密切合作，古建筑理论与实践紧密融合，既能促进技术创新，又能让创新型人才得以在实践中提升能力，形成众流汇集的文化氛围，使得更多的人加入传统建筑保护、继承、维护、修缮、喜爱、弘扬的涛涛大军。古建筑与现代生活相融，真正做好古建筑的"文旅融合"，让后代人接受进而喜爱，理当是理论思考与努力实践的重要方向。果如此，独树一帜、异彩纷呈而又博大精深的中国古代建筑文化精髓自然会得到传承与弘扬。

⑤本基地将积极探索、积累校企合作经验，科学、全面、系统、深入地研究东阳地域传统建筑特色，耕耘一地、收获一方，助益一区、提升一片，辐射全国、拥抱世界，为我国古典建筑文化的保护与传承，殚精竭虑；为中华文明的弘扬与复兴，勉力前行；为中华民族的伟大复兴，添砖加瓦。

综上，本基地将依托三贤楼公司的匠师手艺，借助南京大学东方建筑研究所的学术积淀，厘清东阳古建的源与流，弄懂、弄清东阳木雕的前世今生，科学研究东阳古建筑技艺特色，弘扬"东阳营造"，以点带面，波及全国，流韵世界。

在此，我要特别提及东阳有关部门和社会各界人士对基地一直以来的多方关心、帮助与支持。在未来的岁月里，希望南京大学东方建筑研究所东阳三贤楼教学科研基地能够一如既往地得到东阳各界贤达的厚爱与助益。

先师爷刘敦桢先生首倡、先师郭湖生先生拓展的东方建筑研究，终将燎原。

是为序!

南京大学东方建筑研究所所长
南京大学历史学院考古文物系教授、博导
南京大学中国文化与文物研究所副所长
中国考古学会建筑考古专业委员会副主任委员
周学鹰
2020年8月18日

东阳位于浙江中部，其民居建筑发端于秦汉，成熟于唐末，鼎盛于明清。它不仅是本土的住宅形式，更是一个影响着浙江大部，乃至江西、安徽部分地区的建筑体系。本书以东阳民居的建筑体系为研究对象，拟对清代东阳民居传统木构特征进行研究，梳理东阳民居的地域及历史特征，从而提高对其木构建筑的认识水平。本书主要从大木构造、小木装饰、榫卯应用、地域与历史特征四个方面出发，探讨东阳民居的建筑特征及其传承发展状况。

第一章为绪论，主要包括研究背景、研究意义、研究现状及研究方法等，并对本书所研究的对象范畴进行了界定。

第二章为大木构架，对清代东阳民居主要采用的木构形制进行了梳理总结。

第三章为小木装饰，分别从门窗、天花、栏杆等三方面，对东阳民居小木作做法进行了初步的概括。

第四章为榫卯应用，主要探讨清代东阳民居各个木构件的联结方式。

第五章则针对清代东阳民居的特征，分两节进行阐述。第一节横向从地域上对比东阳"婺州"传统民居营造与徽州"徽派"传统民居营造的特征区别；第二节则纵向从时间上对比清代早中晚三期东阳民居中木雕艺术的特征差异，并与现代东阳木雕艺术进行对比，探究其工艺的传承与发展状况。

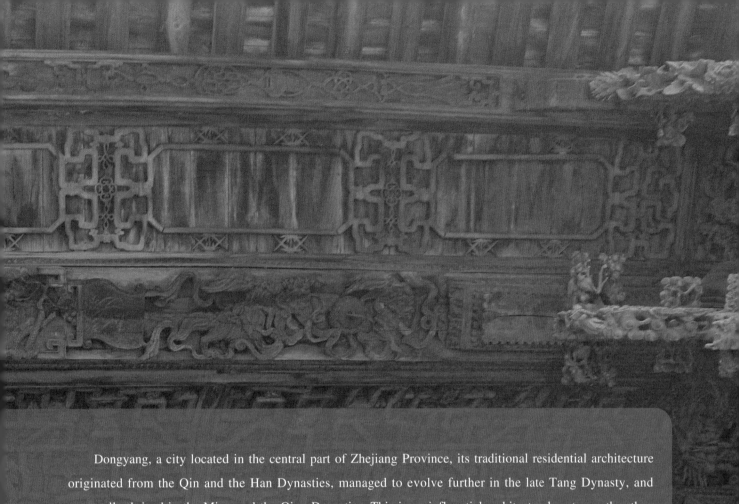

Dongyang, a city located in the central part of Zhejiang Province, its traditional residential architecture originated from the Qin and the Han Dynasties, managed to evolve further in the late Tang Dynasty, and eventually thrived in the Ming and the Qing Dynasties. This is an influential architectural system rather than merely a local residential form, which not only shaped the majority of the regions in Zhejiang Province, but also parts of Jiangxi and Anhui Provinces. The architectural system of Dongyang´s traditional residences is regarded as the focus of this research. By sorting out the regional and historical characteristics, this book intends to study the traditional wooden structure of Dongyang folk dwellings of the Qing Dynasty, thus deepening the understanding of its wooden structure. Discussions will be mainly carried out from four aspects: wooden framework, joinery work, mortise and tenon joint application, regional and historical characteristics, thus probing into the architectural characteristic as well as the inheritance and development of Dongyang traditional residence.

The first chapter mainly introduces the research background, research significance, research status and research methods, as well as defining the research objective of this book.

The second chapter accounts for the wooden frame, in which summarizes the main wooden structure utilized in Dongyang residential architecture of the Qing Dynasty.

The third chapter makes a preliminary summary of the wooden decoration of Dongyang´s traditional residences, respectively from three aspects: door and window, ceiling, and railing.

The fourth chapter is associated with the application of mortise and tenon joints, which mainly discusses the method of connecting the timber components in Dongyang residential dwellings of the Qing Dynasty.

The last chapter elaborates the features of Dongyang folk house of the Qing Dynasty in two sections. The first section compares the regional differences between the traditional dwellings of Dongyang in Zhejiang Province and Huizhou in Anhui Province. The second section sorts out the characteristics of woodcarving art in Dongyang traditional residences of the early, middle and late Qing Dynasty, as well as comparing them with the contemporary woodcarving in Dongyang, in which way explores the inheritance and development of its craftsmanship.

目录

第一章

绪论

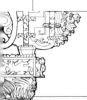

清代东阳民居木构技艺研究

一、研究背景

中国传统木构建筑文化体系成熟而多样，其构架体系可分为抬梁式、穿斗式、叉手式三种类型[①]，而按照功用主体的不同，又可划分为官式和民式两个系统，其中民居是民式系统中数量最多，也最丰富多变的组成部分。目前，遗存的有关官式建筑营造技术的记录包括宋《营造法式》以及清工部的《工程做法则例》[②]等；而有关民式建筑营造技术的记录则有《鲁班经》《鲁班营造正式》《营造法原》等，但由于受刊布范围、匠师文化知识等因素所限，民式建筑营造技术的传承则往往主要通过匠师们的口传心授，其做法也较之官式更为个性灵活。

我国建筑史学科的两位开拓者之一的刘敦桢先生曾说："以往只注意宫殿、陵寝、庙宇，而忘却广大人民的住宅建筑（的研究），是一件错误的事情。"[③]自唐宋以来，江南地区一直是我国经济、文化尤为发达的地区，其建筑营造技术自成体系，与北方的有明显区别。然相比于对清代北方地区建筑营造技术的研究的丰富，对江南地域建筑的研究则显得相对单调。如果不加强对浙江地区传统民居营造技术的研究，不得不说这确是一件"错误的事情"。

可喜的是，目前在江南地区传统建筑营造技艺中，"香山帮传统建筑营造技艺"（第一批国家级非物质文化遗产[④]、世界人类口述与非物质文化遗产[⑤]），"婺州传统民居营造技艺"（第二批国家级非物质文化遗产[⑥]）和"徽派传统民居营造技艺"（第二批国家级非物质文化遗产[⑦]、联合国人类非物质文化遗产[⑧]）先后入选国家级非物质文化遗产名录，均为其中传统技艺类的重点保护项目。

民国时期，姚承祖所著《营造法原》记述了苏州及其周边地区的传统建筑做法，逐渐推动了人们对于江南古建营造技术的关注。虽然江南各地的营造方式存在一定的相似性，但是民居往往因地制宜，因所处地域条件不同而更多表现出各自的地域特征。《营造法原》虽曾被认为是"记述江南建筑的唯一著作"[⑨]，但却并不能代表徽州、婺州等其他地域的具体做法。

婺州传统民居建筑装饰艺术纷繁多样，包括石雕、木雕、砖雕、彩绘等形式。其中，木雕广泛应用于梁枋、斗栱、雀替、大门和窗棂花格等处，尤以东阳卢宅最为典型[⑩]。婺州传统民居营造体系主要指以东阳民居为代表的建筑营造体系，其营造过程与《鲁班经》等的记载相似，包括建筑物的屋架承重体系，也包括建筑基础、地面、墙体、楼板等建筑围护体系以及楼梯、台阶、栏杆、隔断、门、窗等构件[⑪]。婺州民居建筑文化是浙江民居建筑文化的代表，以"东阳帮"工匠为主力军缔造了"婺州民居建筑体系"[⑫]。

① 周学鹰，李思洋：《中国古代建筑史纲要（上）》，17页，南京，南京大学出版社，2020。
② 原书名《工程做法则例》，中缝作《工程做法》。周学鹰，马晓，李思洋：《图像中华文化史 建筑图像卷（下）》，1020页，北京，中国摄影出版社，2019。
③ 刘敦桢：《中国住宅概说》，3页，北京，建筑工程出版社，1957。
④ 沈黎：《香山帮匠作系统研究》，99页，上海，同济大学出版社，2011。
⑤ 徐四海：《江苏文化通论》，220页，南京，东南大学出版社，2016。
⑥ 包括诸葛村古村落营造技艺、俞源村古建筑群营造技艺、东阳卢宅营造技艺、浦江郑义门营造技艺。华觉明，李劲松：《中国百工》，211~212页，苏州，古吴轩出版社，2010。
⑦ 郭因：《安徽文化通览简编》，340页，合肥，安徽人民出版社，2014。
⑧ 邱燕，方亮，汪颖玲：《基于RMP分析的黄山市非物质文化遗产旅游开发研究》，载《黄山学院学报》，2018（4），15~19页。
⑨ 张至刚：《营造法原（第二版）》，3页，北京，中国建筑工业出版社，1986。
⑩ 中国非物质文化遗产保护中心：《第二批国家级非物质文化遗产名录简介》，493页，北京，文化艺术出版社，2010。
⑪ 黄续，黄斌：《婺州民居传统营造技艺》，86页，合肥，安徽科学技术出版社，2013。
⑫ 王仲奋：《婺州民居营建技术》，北京，中国建筑工业出版社，2014。

东阳木雕是著名的"中国四大木雕"和"浙江三大名雕"之一，是全国同行业唯一的地理标志商标①。当地民居建筑在平面布局、结构设计、营建技术等方面均有自己的特色。其格局的讲究、木雕的精美无不令人赞叹。然而随着现代化潮流的冲击，我国不少的传统营造技艺在逐渐失传，大量传统民居在新农村建设、城市化进程中渐渐湮没了身影。

因此，对东阳传统民居的研究实际上是一项与时间赛跑的工作。本著以东阳三贤楼古建园林工程有限公司所在地为主，旨在记录、整理和研究当地的珍贵文化遗产。窥一斑而知全豹，进而抛砖引玉。

二、研究对象

本著研究对象为清代浙江东阳民居的木构架技艺，为未来研究其营造体系添砖加瓦。

东阳民居因起源、发展、成熟于东阳市，故名。早在南宋时期，"东阳帮"就作为建造皇城的一支重要技术力量，与苏南"香山帮"、浙东"宁波帮"鼎立。明清时期，"东阳帮"主要活动于浙江及古徽州地区，前后历时600多年，创造了辉煌的东阳民居建筑体系②。因此，其发展形成的建筑体系并不限于东阳本土，其影响范围覆盖北起湖州，南至丽水，东达嵊州，西到婺源的广大地区。除浙东与浙南的少部分地区外，浙江基本都属于东阳民居的建筑体系；甚至江西省的东北部与安徽的徽州地区，亦属其范围③。

故本著的研究对象并不仅限于东阳地区的清代民居，也包括东阳周边诸如兰溪、诸暨等地属东阳民居体系的清代建筑，并与受其影响的徽州地区的建筑对比。通过采访部分东阳地区传统木作师傅、古建工程师等，以历史性、地域性的视角，初步分析、研究清代东阳民居的建筑特征及其传承发展状况。

三、研究意义

在理论层面上，本著对部分清代东阳建筑体系框架内的民居进行研究，从大木构造、榫卯连接等方面入手，佐以实例，侧重总结清代东阳民居的单体建筑特征，并将东阳地区民居的建筑特征与在一定程度上受其影响的皖南徽州民居的建筑特征进行横向比较，总结出清代东阳民居的地域特征与历史特征，由此提高对东阳传统民居的认识水平与鉴别水平。此外，通过对东阳三贤楼古建园林工程有限公司吴永旦先生、东阳传统木作师傅等的采访，梳理清代东阳民居早、中、晚期，乃至当代东阳地区木雕工艺的时代特征，从而进行纵向的比较研究，以进一步深化对东阳建筑木雕技艺的传承发展状况的认知。

在实践层面上，本著的出版有助于还原清代东阳传统民居的原真性，突出其在我国传统建筑营造技术史上的重要地位。随着城市化进程加速，浙江地区的现存古建筑正在遭受日益严重的土地侵蚀，传统营造技术的传承也在承受着现代化产业带来的剧烈冲击，这对于东阳传统建筑文化的传承和发展造成了严重影响。本著翔实记录与分析了清代东阳传统民居的建筑特征，展示并还原其本来风貌，既能有助于人们对其进行时代风格上的鉴定研究，也能为当下的古建筑修缮及其营建等提供相关的文字资料，从而在一定程度上促进对婺州传统民居营造技艺这项重要非物质文化遗产的传承与保护。

① 孔祥有：《世界浙江商会大全》，322页，杭州，西泠印社出版社，2010。
② 金晶：《图说中国100处著名建筑》，327页，长春，时代文艺出版社，2012。
③ 王仲奋：《东方住宅明珠 浙江东阳民居》，46～47页，天津，天津大学出版社，2008。

四、研究现况

以东阳卢宅营造技艺为代表的婺州传统民居营造技艺，是第二批被列入国家级非物质文化遗产名录的项目，而近代关于东阳民居的研究约始自 20 世纪 60 年代。

1964 年，王其明教授在北京科学论坛会上发表了名为《浙江民居》的论文[1]，用采风的方式，将在浙江地区调研所得的信息传达给大众，其中便包括了不少关于东阳地区的民居建筑（如东阳白坦村务本堂、水阁庄叶宅等大型住宅实例）[2]的信息，自此引起了中外建筑学者对包括东阳民居在内的浙江民居的极大注意。

目前，专门针对东阳民居的研究，以王仲奋先生的成果为多。王先生祖籍东阳[3]，主要著作如《东方住宅明珠 浙江东阳民居》，分别从东阳民居的建筑沿革、建筑特征、营造方式、雕饰题材、建筑文化、建筑工具等入手，全面展示了东阳民居的地域性特征。王仲奋的《婺州民居营建技术》与前书较为相似，在前者基础上增添了石作、泥水瓦作、雕饰作、窑作等方面的内容，是对东阳民居的更为详尽的介绍。此外，相关研究成果还有马全宝的《江南木构架营造技艺比较研究》、叶军的《东阳古民居的空间布局及装饰艺术形态研究——以浙江东阳德润堂为例》等。

东阳是"中国木雕之乡"，有关其木雕方面的研究成果相对较多，具有代表性的有华德韩的《中国东阳木雕》，李飞、钱明的《中国东阳木雕》，倪灵玲的《东阳明清建筑木雕比较研究》，万流畅的《清代东阳木雕之雀替图形语言分析转换初探》等。

相关论文及图书参见表 1-1，表 1-2。

表 1-1 相关论文举例

序号	论著者	题目	出处
1	王仲奋	东阳传统民居的研究和展望	《中国名城》2009 年第 6 期
2	王仲奋	东阳帮木作的特艺——套照	《第二届营造技术的保护与创新学术论坛会刊》2010 年
3	王仲奋	粉墙黛瓦马头墙建筑的奇葩 东阳典型民居"13 间头"三合院	《第三届营造技术保护与创新学术论坛·特刊》2013 年
4	王仲奋	东阳侬与他们的"十三间头"	《中华民居 (上旬版)》2016 年第 3 期
5	王仲奋	东阳木雕与宫殿装饰	《中国紫禁城学会论文集（第五辑 下）》2007 年
6	王仲奋	探古寻幽马头墙	《第六届优秀建筑论文评选》2012 年
7	吴新雷	东阳传统民居大木编号	《东方博物》2015 年第 2 期
8	杨进发	江南古民居卢宅的文化价值及保护规划	浙江大学 2006 年硕士学位论文
9	叶军	东阳史家庄花厅解读及雕刻技艺探析	《文物世界》2016 年第 6 期
10	叶军	东阳古民居的空间布局及装饰艺术形态研究——以浙江东阳德润堂为例	《文物鉴定与鉴赏》2018 年 4 期

[1] 王其明：《浙江民居》，北京，1964年发表于北京科学讨论会。见王弗，刘志先：《新中国建筑业纪事 1949—1989》，125页，北京，中国建筑工业出版社，1989。

[2] 王仲奋：《东方住宅明珠 浙江东阳民居》，11页，天津，天津大学出版社，2008。

[3] 蒋必森：《东阳人在北京》，7~10页，北京，新华出版社，2008。

（续表）

11	万流畅	清代东阳木雕之雀替图形语言分析转换初探	《咸宁学院学报》2010 年第 5 期
12	洪铁城	婺派建筑五大特征	《建筑》2018 年第 11 期
13	洪铁城	中国儒家文化标本：婺派建筑	《建筑》2017 年第 15 期
14	洪铁城	论东阳明清住宅的存在特征	《时代建筑》1992 年第 1 期
15	洪铁城	论东阳明清住宅木雕装饰的文化艺术价值	《时代建筑》1989 年第 4 期
16	洪铁城	婺派建筑与不同地域传统民居之比较	《建筑》2018 年第 19 期
17	洪铁城	论东阳明清住宅木雕装饰的文化艺术价值	《时代建筑》1989 年第 4 期
18	石红超	浙江传统建筑大木工艺研究	东南大学 2016 年博士学位论文
19	金柏松	东阳木雕雕刻技法之探讨	《浙江工艺美术》2009 年第 1 期
20	马美爱	东阳卢宅的古建筑文化	《浙江师范大学学报》2006 年第 3 期
21	王琴	东阳木雕的起源及其装饰艺术特征	《美术大观》2012 年第 2 期
22	徐经彬	论东阳木雕薄浮雕工艺的推陈出新	《浙江工艺美术》2003 年第 4 期
23	范硕秋	清代东阳木雕的审美文化研究	河南师范大学 2013 年硕士学位论文
24	周黎宏	东阳木雕壁画	《浙江工艺美术》1997 年第 1 期
25	卢国忠	东阳木雕"刀功"浅议	《浙江工艺美术》2017 年第 9 期
26	贺鸣声	东阳木雕与建筑上的木雕艺术	《文物》1959 年第 7 期
27	倪灵玲	东阳明清建筑木雕比较研究	浙江大学 2012 年硕士学位论文
28	朱俊	浙江东阳明代木雕的现状及保护	《浙江艺术职业学院学报》2010 年第 4 期
29	朱景华	东阳建筑木雕中"牛腿"的演变	《中国艺术》2018 年第 6 期
30	周君言	明清民居建筑木雕的分期和特点 ——浙江中部地区明清民居木雕研究之二	《中国建筑装饰装修》2003 年第 2 期
31	马全宝	江南木构架营造技艺比较研究	中国艺术研究院 2013 年博士学位论文
32	马全宝 侯晓萱	苏州帮、徽州帮、 婺州帮传统木构架的构造与工艺	《民艺》2018 年第 2 期
33	钱梅景	江南传统木构建筑大木构造技术比较研究	江南大学 2016 年硕士学位论文
34	郭鑫	江浙地区民居建筑设计与营造技术研究	重庆大学 2006 年硕士学位论文
35	刘翠林	江浙民间传统建筑瓦屋面营造工艺研究	东南大学 2017 年博士学位论文

表 1-2 相关图书举例

序号	论著者	书名	出处
1	王仲奋	《东方住宅明珠 浙江东阳民居》	天津大学出版社，2008 年
2	王仲奋	《婺州民居营建技术》	中国建筑工业出版社，2014 年
3	李飞　钱明	《中国东阳木雕》	江苏美术出版社，2013 年
4	华德韩	《中国东阳木雕》	浙江摄影艺术出版社，2001 年
5	徐华铛	《中国木雕牛腿》	北京工艺美术出版社、中国林业出版社联合出版，2017 年

这些研究成果为我们对清代东阳地区民居开展进一步研究，提供了非常有价值的参考资料，也使本著的深入探究具有了可行性。东阳及受其影响的周边地区现存的不少传统民居以及伴随古建营造与修缮而传承下来的大木营造技术，为本著提供了丰富的研究资料。

客观而言，目前有关于清代东阳地区传统木构建筑的研究，或有不足。

①虽然有关东阳地区传统民居建筑的研究成果逐渐增多，但大多数还停留在对构造方式、装饰艺术的简单记录阶段，或是对东阳地区某个或某些传统建筑进行的个案分析，缺少将传统手工操作与当代工艺的动态对比研究，也相对缺少在不同地区之间的横向比较研究。

②有关东阳地区的民居建筑营造技术的研究，主要集中在其大木构架方式、木作材料选择、制作工艺流程等方面，而针对东阳民居中木构件的连接方式与榫卯特征等方面的内容则较为简略，并未系统地分析其主要应用类型及使用部位等。

五、研究方法

1. 文献梳理

笔者尽可能地对文献资料进行搜集、整理，包括相关的学术著作、学术期刊和学术论文等。本著主要针对东阳传统木构建筑的营造技术及其装饰艺术进行有关资料的整理，通过梳理归纳前人的研究成果，充分了解并掌握东阳传统建筑的构造特点、装饰特征等。

2. 田野调查

通过实地调查与分析，在现场拍摄和与当地传统木作师傅交流中，我们得到了探究东阳传统建筑的第一手资料。我们的实地调查主要以现在行政区划的东阳地域为主，同时包含其周边相关地区，如绍兴、兰溪、磐安、昌化、桐庐，还有黄山宏村、卢村、南屏、西递等地，并对当地的清代民居分别进行实地拍摄、记录，积累了一定数量的原始资料。此外，我们还对东阳当地具有一定代表性、坚持纯手工工艺的传统木作师傅和古建筑修缮、修复工程师等进行了相关访谈、咨询，为进一步了解当地传统建筑构造特征及其营造活动的历史发展等搜集了有价值的信息资料。

3. 比较分析

比较分析工作主要从以下三方面展开。

其一，将文献资料及实地调查结果进行比较研究，在文献资料中找寻对应的理论支撑。

其二，将清代东阳地区的民居与受其影响的徽州地区清代民居建筑进行比较分析，试图梳理二者间的异同。

其三，对清代早、中、晚期东阳地区的传统民居，乃至当代东阳仿古民居的雕饰特征等进行比较研究，了解其相应的传承与发展状况。

第二章

清代东阳民居的
大木构造

清代东阳民居的大木构造

东阳民居建筑形制独特，在建筑规制、构件名称等方面往往自成一派。它们既不同于宋《营造法式》、清工部《工程做法则例》等所记载的官式做法，又区别于苏州香山帮的《营造法原》等民式做法（表2-1）。

表2-1 东阳民居建筑的构件名称与宋《营造法式》、清工部《工程做法则例》、苏南《营造法原》记载的构件名称对比[①]

宋《营造法式》	清工部《工程做法则例》	苏南《营造法原》	东阳民居建筑
地盘	平面／面阔	地面／开间	开间
进深	进深	进深	间深
当心间	明间	正间	堂屋、中央间、大房间
缝	缝	贴	榀（缝）
椽栿	步架	界	橙（步）
副阶	廊	廊	阶沿
台	台明	阶台	阶沿
副阶檐柱	檐柱、廊柱	廊柱	阶沿柱、前小步
风柱	金柱／老檐柱	步柱	前、后大步
分心柱	中柱、山柱	脊柱	栋柱
侏儒柱／蜀柱	瓜柱／童柱	童柱	骑栋、骑柱、童柱、胡柱、短柱
劄牵	单步梁／抱头梁	单步梁	象鼻架、虾背梁
四椽栿	五架梁／四步梁	四界大梁／大梁	大梁
平梁／栿	三架梁、太平梁、双步梁	三界梁	二梁
月梁	挑尖梁、抱头梁	廊川／川／轩梁／荷包梁	过步梁、木鱼梁、冬瓜梁
阑额	额枋	廊坊／步枋	门前楸、楣楸、楸面
槫	檩	桁	桁
牛脊槫	正心檩、檐檩	廊桁	前小步桁弄堂
橑檐枋	挑檐檩	梓桁	仔桁
下平槫	金檩、老檐檩	步桁	前（后）大步桁
上平槫	上金檩	金桁	前（后）金桁
脊槫	脊檩	脊桁	栋桁
脊椽	脑椽	头停椽	栋椽
平椽	花架椽	花架椽	金椽
椽	檐椽	出檐椽	出檐椽
飞子	飞檐椽、翘飞椽	飞椽	檐口椽
铺作	斗栱	牌科	弓、斗栱、三脚跳
补间铺作	平身科	外檐间牌科	间牌栱
柱头铺作	柱头科	柱头牌科	柱牌栱
转角铺作	角科	角栱	转角栱
挑杆斗栱	镏金斗栱	琵琶科	琵琶弓（栱）
泥道栱	正心瓜栱	栱	下弓（栱）
华上弓（栱）	翘	十字栱	上弓（抄栱）

[①] 表格内容部分参考了：周学鹰，李思洋：《中国古代建筑史纲要（上）》，317~349页，南京，南京大学出版社，2020。王仲奋：《东方住宅明珠 浙江东阳民居》，50页，天津，天津大学出版社，2008。

（续表）

宋《营造法式》	清工部《工程做法则例》	苏南《营造法原》	东阳民居建筑
栌斗	坐斗 / 大斗	坐斗 / 大斗	大斗
散斗	三才升	升	小斗、麻雀
斜撑	撑栱		牛腿
	皿板		斗垫
飞昂	昂	昂	象鼻头
绰幕	雀替	梁垫	梁下巴、梁垫、角花
举折	举架（方式不同）	提栈	饶水
山墙	山墙	屏风墙 / 山墙	金字马头墙、封火山墙、五花马头墙
隔断	隔断墙		隔间
柱础	柱顶石	鼓磴 / 磉石	磉盘
	院墙	围墙	围墙（照墙）
	院门、大门	将军门、石库门	大台门
		廊门	小台门（旁门）
	后檐墙	包檐墙	后壁墙
乌头门、阀阅	牌楼	牌楼	牌坊
			披屋
荷叶墩	门枕石		门臼
	转轴	摇梗	碾杠

东阳民居以木构架为房屋的骨架，通常以进深方向的"棓"（又称缝）作为构架的基本单位，由柱、梁、穿枋（又称楸板）、牛腿等组成进深不一、功能有异的各类建筑，如3柱3架（或5架）、5柱7架（或9架）等；每两棓之间以楣枋、隔扇、桁等构件联结构成基本单位"间"[1]。

清代东阳民居中，的确存在个别较为特殊的大木构造方式。本著主要选取现存清代东阳民居中最常见的构造形式及最典型的大木构件进行介绍。

一、平面布局

清代东阳民居中最主要的单体建筑平面布局形式是一种名为"13间头"的模式，以"间"为单位，以"3间头"为基本单元，以"13间头"为典型三合院，从而以此为模块组合成人们需要的各式各样的平面布局，具有一定的灵活性[2]。

典型的"13间头"模式以一个"3间头"为正屋，其余两个"3间头"分列左右两厢，再在正屋与厢屋交角处分别以两个"洞头屋"作为连接，并以弄堂作为过渡（如图2-1）[3]。

此外，"13间头"还有不少变形模式。如"3间头""5间头""7间头""9间头""11间头""15间头""18间头"等，均是在"13间头"的基础上增减、演变而来的。

① 王仲奋：《东方住宅明珠 浙江东阳民居》，138页，天津，天津大学出版社，2008。
② 王仲奋：《婺州民居营建技术》，16页，北京，中国建筑工业出版社，2014。
③ 王仲奋：《东方住宅明珠 浙江东阳民居》，53页，天津，天津大学出版社，2008。

"3间头"是"13间头"模式中的基本单元（图2-2）。

"5间头"是在"3间头"基础上左右各增加一间勾厢（图2-3）。

"7间头"是在"3间头"基础上左右各增加两间勾厢（图2-4）。

"9间头"是在中间"3间头"基础上左右均列一组"3间头"（图2-5）。

"11间头"是在中央一组"3间头"基础上，左右各列两组"3间头"作厢房，在正屋与厢屋交角处又分别以一个"洞头屋"作为连接（图2-6）。

"15间头"是将"13间头"两侧作厢房的"3间头"增至4间（图2-7）。

"18间头"是在"15间头"基础上，在入口大门两侧各增加一间倒座，其正中一间为门厅的通道，从而形成一个庭院广阔的四合院（图2-8）。

以此类推。相关实景图见图2-9至图2-14。

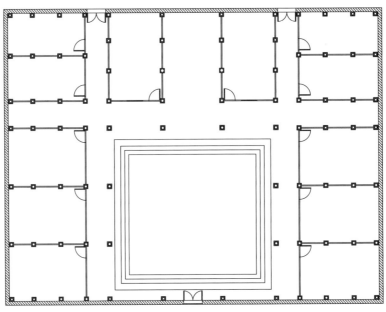

图2-1 "13间头"平面布局图

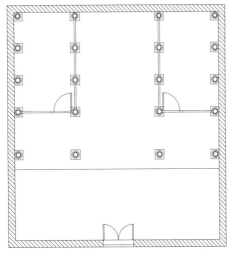

图2-2 "3间头"平面布局图

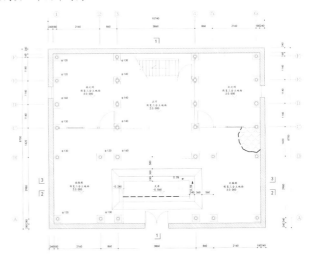

图2-3 清晚期"5间头"民居平面布局图

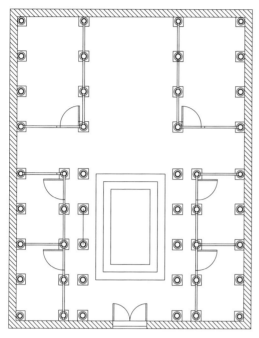

图2-4 "7间头"平面布局图

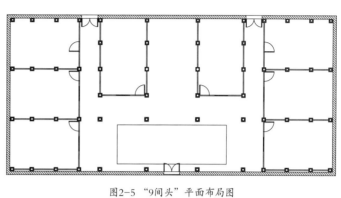

图2-5 "9间头"平面布局图

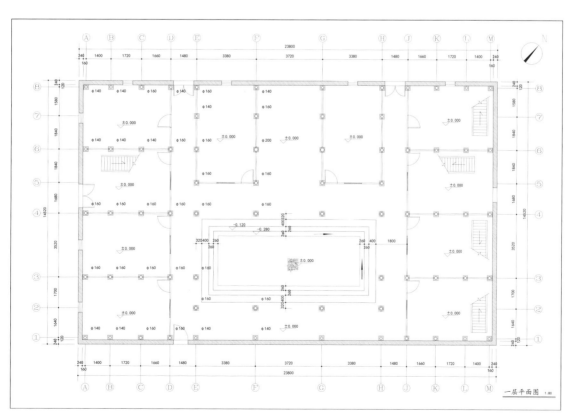

图2-6 义乌城西街道上杨村 "11间头"平面布局图

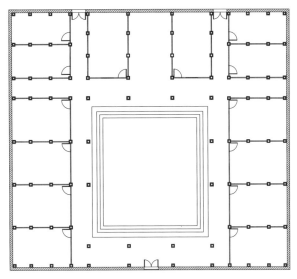

图2-7 "15间头"平面布局图

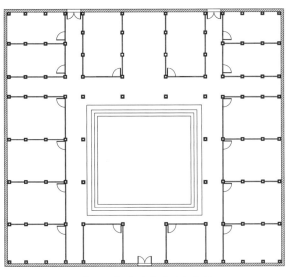

图2-8 "18间头"平面布局图

图2-9 清中期兰溪"11间头"

图2-10 上房"3间头"

图2-11 西厢"3间头"

图2-12 东厢"3间头"，上房"3间头"

图2-13 西侧"洞头屋"

图2-14 东侧"洞头屋"

二、构架形式

清代东阳民居的大木构架形式与其他地域一致，有抬梁式、穿斗式及抬梁与穿斗混合式三种，主要以抬梁式为主。相对抬梁式，纯穿斗式建筑在清代东阳民居中尤为少见，而穿斗与抬梁式的混合做法稍多一些。

（一）抬梁式构架

清代东阳民居中，宗祠、寺庙、厅堂等采用露明造的建筑，为扩大空间，中间两榀屋架在构造时，往往会采用抬梁式。东阳民居建筑的抬梁式构架一般是栋柱（中柱）不落地，对称的双步架（五架梁[①]）使用抬梁式构造。抬梁式又分抬梁置于斗栱之上式[②]、插柱式、扣金式（又称压柱式[③]）[④]，其中，插柱式做法相对更为普遍。

1. 插柱式构架[⑤]

插柱式构架是东阳民居最普遍采用的构架方式。具体地讲，就是承重梁的两端各做榫头插入前后大步柱（金柱）的卯口，既非压在柱头上，也不像穿斗式构架的柱间仅以不承重的穿枋拉结，其衔接做法类似于《营造法式》大木作制度中的插梁式，在承重梁靠近柱头的两端部下方，各以"梁下巴"[⑥]（即雀替）辅助承托。

插柱式构造又可分为两种，即斗栱插柱式和骑柱插柱式。斗栱插柱式，是以承重梁插于落地柱之上，在梁上置放斗垫，再在斗垫上置放坐斗，斗上承梁、桁等构件（图2-15、图2-16）。通常情况下，这种构造形式多采用九桁的建筑模式，在小步和大步之间仅以单步梁连接，五架梁上以斗垫、坐斗承接桁、梁等构件（图2-17、图2-18）。

"骑柱插柱式"则是以承重梁插于落地柱上，在骑柱（即童柱）上挖槽做榫，插置在承重梁上，骑柱在插接梁的同时，上承桁条（图2-19）。

图2-15 清道光年间重建的卢宅树德堂前厅——斗栱插柱式

① 俗称大梁。王仲奋：《东方住宅明珠 浙江东阳民居》，138页，天津，天津大学出版社，2008。
② 吴新雷，楼震旦：《东阳卢宅营造技艺》，54页，杭州，浙江摄影出版社，2014。
③ 当地工匠惯用称谓。
④ 黄续，黄斌：《婺州民居传统营造技艺》，97页，合肥，安徽科学技术出版社，2013。
⑤ 王仲奋：《婺州民居营建技术》，18页，北京，中国建筑工业出版社，2014。
⑥ 或称梁下爬。郭佐唐：《东阳文史资料选辑 第13辑 文物专辑》，95页，1997，内部资料。

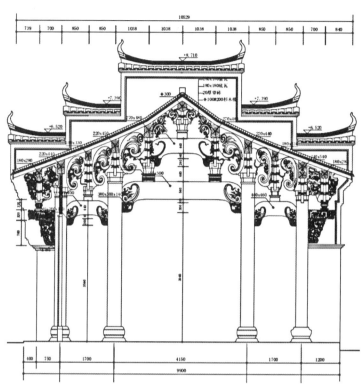

图2-16 树德堂前厅明间剖面图

图2-17 东阳卢宅善庆堂——九檩建筑斗栱插柱式（组图）

图2-18 清初兰溪溪芝路厅堂——九檩建筑斗栱插柱式

图2-19 清中期金华三开间厅堂——骑柱插柱式

东阳插柱式抬梁，或是由穿斗式构架演变而来的[1]，起初应是为了扩大活动空间，采用减柱造，把中柱由落地柱改为不落地形式，为加大对上层梁架的承托作用，增加了穿枋的厚度与高度，其功能便由原来的单一连接作用，逐渐演变为后来的既连接也承重的功用。这也是早期东阳地区的抬梁式构造中，梁（即原来的穿枋）的断面多呈矩形的原因。自明代开始，东阳民居中梁的断面开始逐渐由矩形演变为琴面、椭圆形，梁的高、厚比例由3：1发展到5：4甚至6：5[1]，且直梁逐渐减少，月梁逐渐增多。在梁头下方开始垫加扇形雀替（"梁下巴"），使得整个梁的弓背造型在视觉上显得更为突出。

总的来看，插柱式构造可视为穿斗式与抬梁式的结合形式。承重梁穿插于柱中，起承重作用的同时，也起着类似穿斗式构造中枋的连接作用，能够增强整榀柱子之间的稳定性；而相对于穿斗式构造而言，因为中柱不落地，由承重梁上置斗栱或骑柱承接梁和桁，能够形成较开阔的室内空间，更便于使用及房间内部的装饰陈设。可以说，插柱式构造形式结合了抬梁式与穿斗式两种构架的优点。

2. 压柱式构架

压柱式构架是指落地柱直接上承桁条与承重梁，承重梁上又置骑柱，骑柱上承梁与桁，小梁（即太平梁）上的骑柱则直接承接栋桁（即脊桁）的做法（图2-20），类似于清工部《工程做法则例》中所示的北方做法（图2-21），主梁两端搁置在前后两金柱上，在这根梁上再用两短柱或墩支撑起另一根较短的梁，或更向上再支，成为梁架[2]。

据东阳三贤楼古建园林工程有限公司楼望峰工程师介绍，在东阳民居构架中，压柱式做法在明代尤为盛行（图2-22、图2-23、图2-24）。可惜由于保护不力，导致现存实例较少，而清代东阳民居中采用的压柱式做法则相对较少。

图2-20 清中期绍兴压柱式三开间

---

① 王仲奋：《东方住宅明珠 浙江东阳民居》，141页，天津，天津大学出版社，2008。
② 梁思成：《清式营造则例》，33页，北京，清华大学出版社，1934。

图2-21 清工部《工程做法则例》中的五架梁做法

图2-22 明中期东阳卢宅嘉会堂的压柱式构造

图2-23 明中期大慈岩镇上吴方村的压柱式做法

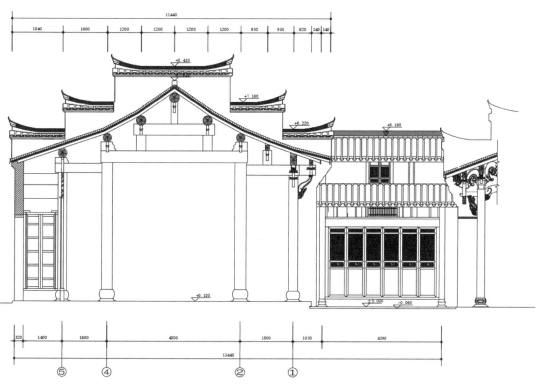

图2-24 明中期东阳卢宅嘉会堂构造

（二）混合式构架

相对抬梁式构架而言，清代东阳民居中纯穿斗式的构架极少，更多的是穿斗与抬梁结合使用的混合式构架形式。混合式构架又可以分为两种。一种是整体采用穿斗式构架，在局部需要减柱的位置采用抬梁式的构架方式（图2-25）。这种构架方式从整体来看主要偏重于穿斗式构架，只是在局部需要扩大空间的位置采用抬梁式构架，以承重梁承接上部柱、桁等的重量。另一种则是在同一梁架中，同时使用插柱式和穿斗式两种构架形式，下部用穿斗式，上部则用插柱式（图2-26、图2-27）。一般来说，这种混合式构架中的穿枋尺寸会比一般穿斗式建筑穿枋尺寸大。这样的构造方式在清代东阳民居中也比较常见，多用于祠堂、寺庙、厅堂等"彻上明造"建筑的山榀（图2-28）。

图2-25 清中期衢州民居建筑——混合式构架

图2-26 清初兰溪依仁堂山栱——混合式构架

图2-27 清初东阳博鳌堂山栱——混合式构架

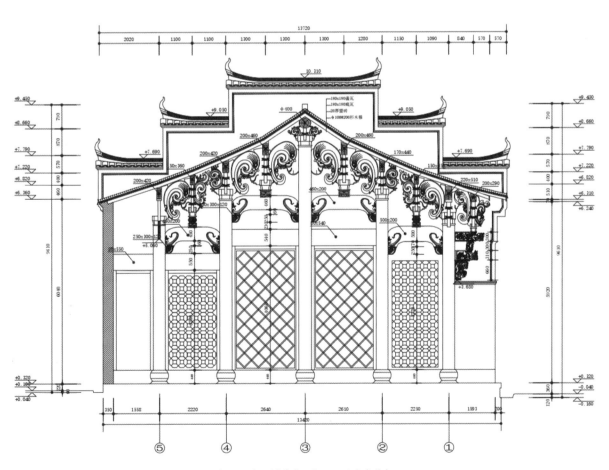

图2-28 东阳树德堂山栱——混合式构架

除上述主要的建筑屋架构造方式外，清代东阳民居中还有一种较常见的附属建筑结构——披屋，多见于阶层较低、规模有限的普通民居中。披屋多建于屋后或两山墙外，亦有位于三合院的屋前部分的。其建造的主要目的有三：一是充分利用周边剩余的边角地；二是为保证正室的整洁，将厨房、畜舍、厕所或杂物库房等安排于披屋之中；三是如果披屋建筑合理，往往能够对正屋的结构起到支撑的作用，增强正屋的稳固性。事实上，在现实建构中，披屋的建设尤为个性，往往随性而建。有在房屋建设伊始便将其设计在内的，也有在房屋住过一段时间后，因为使用空间不足，而再度开发周边剩余空间，建造披屋的情况。所建披屋，构架结构不一，或为单坡屋面（图2-29），或为双坡屋面（图2-30至图2-34），亦有不循常制乱搭者。乱搭的披屋因其结构不合理，常会导致正屋墙面部分漏水，往往会在拆迁修缮时被除去。

图2-29 清晚期丽水单坡披屋

图2-30 清中晚期衢州双坡披屋

图2-31 东阳白坦镇民居双坡披屋外部

图2-32 东阳白坦镇民居双坡披屋内部

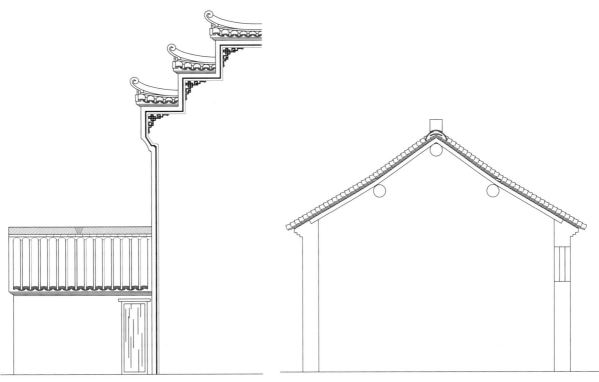

图2-33 东阳白坦镇民居披屋位置示意图　　　　　　　图2-34 东阳白坦镇民居披屋剖面图

三、细部构造

（一）柱子

东阳民居中所采用的柱子，一般可分长立柱、骑柱和垂莲柱三种。长立柱一般又可分为前/后小步（檐柱）、前/后大步（金柱）、栋柱等[1]。东阳民居中所采用的长立柱以圆柱为主，或为直柱，或为上下均有收分的梭柱。

由于普通民居受礼制要求等所限，往往规模不大、屋架高度不高，所用立柱也未必足够粗大，若按比例做收分在视觉上效果并不明显，故而在清代东阳民居中，有收分的柱子极少，尤其是上下均做收分的梭柱。

清代东阳民居所采用的长立柱，更多是因木头自身的生长曲线而在上部体现出来的自然收分。东阳民居中上下均做收分的梭柱，多出现在明代建筑中，比如卢宅中的明代建筑肃雍堂立柱（图2-35）。当然，这样的例子在清代东阳民居中不常见。

骑柱，也就是骑栋、童柱[2]，因其一般骑于梁上，故名。东阳民居中的骑柱，以圆柱为主，兼有方柱（图2-36），一般下端做榫，插于梁或枋上的卯口之内，骑柱下端常做成鲫鱼嘴[3]（图2-37）或平嘴（图2-38），与梁或枋的上端咬接在一起或直接做榫墩接（图2-39）。

① 王仲奋：《婺州民居营建技术》，65页，北京，中国建筑工业出版社，2014。
② 王仲奋：《东方住宅明珠 浙江东阳民居》，50页，天津，天津大学出版社，2008。
③ 侯洪德，侯肖琪：《图解〈营造法原〉做法》，66页，北京，中国建筑工业出版社，2014。

图2-35 卢宅肃雍堂——上下收分梭柱

图2-36 清中期临安两进厅——方形骑柱

图2-37 清中期绍兴民居——鲫鱼嘴骑柱

图2-38 清初兰溪厚仁村民居——平嘴骑柱

图2-39 清晚期昌化民居——骑柱做榫墩接

清代东阳民居中除上述两种柱形外，还有一种较特殊的形制，即垂莲柱。一般而言，垂莲柱主要是装饰性的，兼具少许功能性。根据其功用性质侧重及位置的不同，可分两种：大木作垂莲柱和小木作垂莲柱。

1. 大木作垂莲柱

大木作垂莲柱指具有一定结构功能性质的垂莲柱，通常见于正屋檐柱与厢房檐柱交会处，其中厢房的檐柱由落地柱改为垂莲柱，其目的不仅在于减小檐廊转角处的立柱占地面积，更便于使用。垂莲柱处，厢房骑门梁、厢房进深方向的月梁，与正屋面阔方向的月梁搭交在一起。

以东阳巍山镇晚清鼎丰堂[①]为例，由于垂莲柱已然出现向下沉降的趋势，故厢房进深方向的月梁与正屋面阔方向的月梁可能是搭交在一起的，而非同一构件。当然，也不排除日久梁材出现弯曲形变的情况。总而言之，厢房进深方向的月梁与正屋面阔方向的月梁之间的搭接，相当于在厢房前大步（金柱）与正屋檐柱之间搭起了一榀梁架，加之厢房骑门梁具有一定的辅助支撑作用，厢房角部原应承于檐柱部分的重量，直接传至此承重"梁"，主要由两侧檐柱与金柱对其进行支撑（图2-40）。

当然，这种做法虽然能够在一定程度上扩大角部空间，减少檐柱数量，但是由于垂莲柱部分的构件为搭交而成，上部力量向下传递，而下部由于垂莲柱不落地，缺乏由地面向上的支撑作用，不利于榫卯咬合。故而此部位的构件日久容易出现脱榫、沉降、漏水等现象（图2-41、图2-42）。可以说，此种做法在东阳民居的构筑中利弊共存，属于一种探索性的构造方式。

图2-40 清晚期东阳巍山镇鼎丰堂——垂莲柱

图2-41 清晚期东阳巍山镇鼎丰堂——垂莲柱沉降、脱榫现象

图2-42 清晚期东阳巍山镇鼎丰堂——垂莲柱处脱榫、漏水现象

① 鼎丰堂被誉称为"东阳木雕艺术博物馆"，是"雕花皇帝"杜云松和何其金的佳作，也是清末民初的代表作。王仲奋：《东方住宅明珠 浙江东阳民居》，333页，天津，天津大学出版社，2008。

2. 小木作垂莲柱

除上述具有一定结构功能的垂莲柱外，东阳民居中还存在着一种更侧重于装饰意味的垂莲柱，基本不具备任何结构性功能，属小木作。这种垂莲柱多见于东阳"13间头"类型的组合建筑的二层下檐中，与挂落、花板等构件搭配组合，使建筑门面装饰更为繁复华丽（图2-43、图2-44）。

图2-43 清中期兰溪"9间头"——小木作垂莲柱 　　　　　图2-44 清晚期昌化民居——小木作垂莲柱

（二）月梁造

月梁造是南方地域，特别是江南地区尤为普遍的一种梁栿加工方法。月梁，是相对直梁而言经过艺术加工的梁，汉代称虹梁[1]，因形似弯月而得名。清代东阳民居中使用月梁造的频率很高，尤其是在插柱式的构架中。根据月梁断面形状的不同，其通常可分为以下几种。

1. 琴面月梁

琴面月梁即梁的断面近似矩形，两侧微鼓似琴面（图2-45、图2-46）。这种类型的月梁多见于明代，清代相对较少。如前文所提，这一断面形式的月梁很可能是由穿斗式构造向插柱式构造转变的过渡阶段遗留下的产物，与宋《营造法式》中的做法略有相似（图2-47、图2-48）。例如：东阳卢宅善庆堂，系卢章后裔建于清咸丰年间（1851—1861）的厅堂，原位于卢祠宗祠后，1993年迁入卢宅。

图2-45 清咸丰年间卢宅善庆堂琴面月梁 　　　　　图2-46 清道光年间卢宅树德堂前厅琴面月梁

---

① 北京市文物研究所，吕松云，刘诗中：《中国古代建筑辞典》，84页，北京，中国书店，1992。

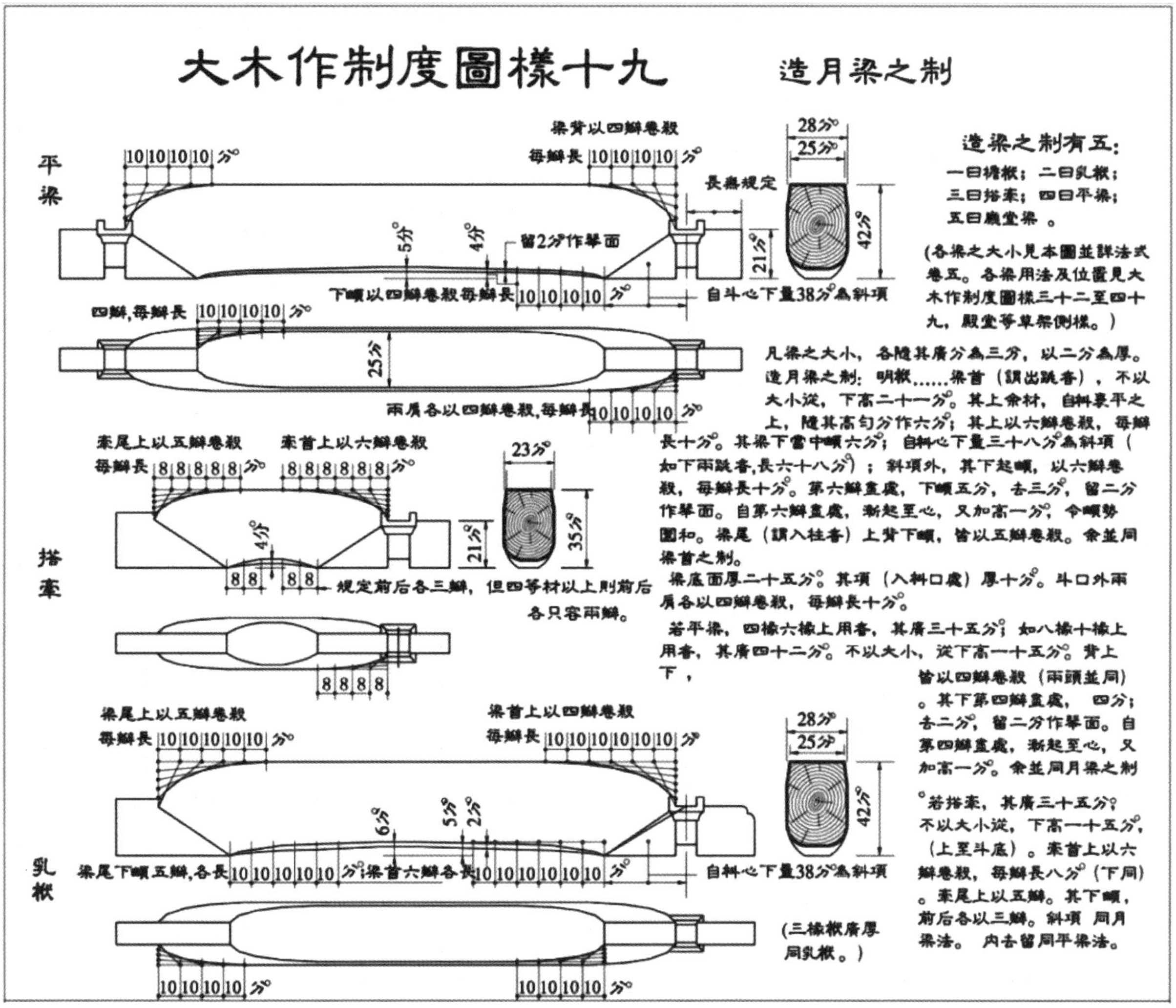
大木作制度圖樣十九
造月梁之制
平梁
搭牽
乳栿
梁背以四瓣卷殺
每瓣長
長樣規定
下顱以四瓣卷殺每瓣長
留2分作琴面
自斗心下量38分為斜項
四瓣,每瓣長
兩肩各以四瓣卷殺,每瓣長
牽尾上以五瓣卷殺
牽首上以六瓣卷殺
每瓣長
規定前后各三瓣，但四等材以上則前后各只容兩瓣。
梁尾上以五瓣卷殺
梁首上以四瓣卷殺
梁尾下顱五瓣,各長
梁首六瓣各長
(三橡栿廣厚同乳栿。)
造梁之制有五：
一曰檐栿；二曰乳栿；
三曰搭牽；四曰平梁；
五曰廳堂梁 。
(各梁之大小見本圖並詳法式卷五。各梁用法及位置見大木作制度圖樣三十二至四十九，殿堂等草架側樣。)
凡梁之大小，各隨其廣分為三分，以二分為厚。
造月梁之制：明栿……梁首（謂出跳者），不以大小從，下高二十一分。其上余材，自枓裏平之上，隨其高匀分作六分；其上以六瓣卷殺，每瓣長十分。其梁下當中顱六分；自枓心下量三十八分為斜項（如下兩跳者,長六十八分）；斜項外，其下起顱，以六瓣卷殺，每瓣長十分。第六瓣盡處，下顱五分，去三分，留二分作琴面。自第六瓣盡處，漸起至心，又加高一分，令顱勢圜和。梁尾（謂入柱者）上背下顱，皆以五瓣卷殺。余並同梁首之制。
梁底面厚二十五分。其項（入枓口處）厚十分。斗口外兩肩各以四瓣卷殺，每瓣長十分。
若平梁，四橡六橡上用者，其廣三十五分；如八橡十橡上用者，其廣四十二分。不以大小，從下高一十五分。背上下，皆以四瓣卷殺（兩頭並同）。其下第四瓣盡處，四分；去二分，留二分作琴面。自第四瓣盡處，漸起至心，又加高一分。余並同月梁之制。
若搭牽，其廣三十五分。不以大小從，下高一十五分，（上至斗底）。牽首上以六瓣卷殺，每瓣長八分（下同）。牽尾上以五瓣。其下顱，前后各以三瓣。斜項 同月梁法。 內去留同平梁法。

图2-47《营造法式》造月梁之制

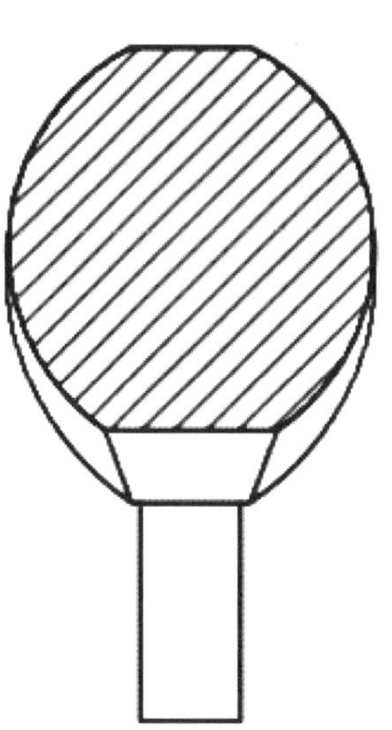

图2-48 琴面月梁断面示意图

2. 椭圆形月梁

椭圆形月梁较之琴面月梁，其两侧鼓出弧度更大，整个断面近似椭圆形（图2-49）。这种类型的月梁在清代东阳地区最为多见，当地多称之为"冬瓜梁"，大致于明晚期出现，在清代使用较为普遍[①]（图2-50、图2-51）。

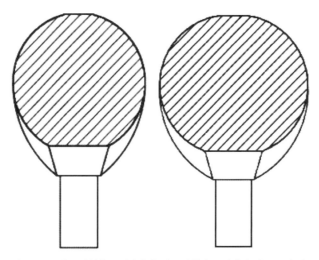

图2-49 椭圆形月梁断面（右）与琴面月梁断面（左）对比示意图

图2-50 清初东阳博鳌堂椭圆形月梁　　　　　图2-51 清中期金华三开间厅堂椭圆形月梁

3. 阑额月梁造

东阳民居中，除承重梁采用月梁造做法，阑额也会采用月梁造的形式。这种形式一般位于建筑正立面，常施以精美雕刻。这种月梁形阑额在当地被称之为"骑门梁"[②]，在"13间头""二进厅"等模式的组合建筑中尤为常见（图2-52、图2-53）。

---

① 此与有研究者认为的仅在清早中期常见不同。钱梅景：《江南传统木构建筑大木构造技术比较研究》，无锡，江南大学硕士学位论文，2016。
② 也称门楣、大额枋。黄美燕，义乌丛书编纂委员会编，金福根摄影：《义乌区域文化丛编 义乌建筑文化 下》，565页，上海，上海人民出版社，2016。

骑门梁

图2-52 清中期兰溪 "9间头" 骑门梁

骑门梁

图2-53 清中期兰溪 "11间头" 骑门梁

清代东阳民居的大木构造

另外，由于东阳民居装修往往有侧重，注重"明精暗简"[1]，这一点在东阳的骑门梁上同样有所体现。清代东阳民居中的骑门梁，基本采用的是"内平外圆"的构造方式[2]，即面向外侧部分，梁身做出优美的曲面造型，纹饰精细繁美，而在内里一侧，则往往直接剖平，并刻上相对简单的纹饰（图2-54、图2-55、图2-56）。这样的做法虽然浪费木材，但在一定程度上的确能够减少加工制作的工钱及构件制作所需的时间。

图2-54 清中期兰溪"9间头"骑门梁的"内平外圆"做法（组图）

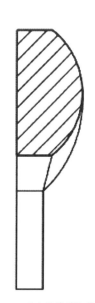

图2-55 清中期兰溪"11间头"骑门梁的"内平外圆"做法（组图）

图2-56 "内平外圆"做法

[1] 东阳古民居非常注重外表可见部位的装修雕饰，特别精细、讲究。一般楼屋的檐廊部位，如轩顶、梁枋、月梁、牛腿、栏杆、门窗都施以精细木雕，最简单的装饰也要把月梁、牛腿、门窗施以木雕。张伟孝：《明清时期东阳木雕装饰艺术研究》，54页，上海，上海交通大学出版社，2017。
[2] 除骑门梁外，山榀位置的月梁一般也采用"内平外圆"的处理形式。

此外，东阳民居中骑门梁还有断面为矩形的月梁造做法，即将梁背弯曲处理成一条优美的弧线，形同普通月梁，但梁断面为矩形的做法（图2-57）。

图2-57 清初兰溪范山头民居——矩形断面骑门梁

4. 月梁形枋

东阳民居中，月梁造做法尤为普遍。除上述三种外，建筑构架中起连接作用的枋，有时也会处理成月梁形制（图2-58）。

图2-58 清中期临安两进厅——月梁形枋

（三）直梁

东阳传统民居木构建筑中并不经常采用直梁的造型，其比月梁造的使用频率要低很多，通常在压柱式的木构做法中较常见。此直梁一般可分为断面为圆形的圆作直梁（图2-59、图2-60）与断面为矩形的扁作直梁（图2-61、图2-62）两种。

图2-59 清中期绍兴压柱造古建——圆作直梁

图2-60 清晚期磐安七开间——圆作直梁

图2-61 清中期临安两进厅——扁作直梁

图2-62 清中期兰溪"9间头"——扁作直梁

（四）虾背梁

东阳地区的虾背梁[1]是进深两柱间的一种连接构件，类似于清式的"单步梁"，往往一端插入柱中，另一端插置于斗栱之中，或两端均插置于斗栱之中。在保证承受水平拉力的前提下[2]，这种构件往往造型较为夸张，雕饰精美，整个构件布满装饰，成组使用时通常会成为整座建筑的亮点之一。由于雕饰形状及题材内容存在差异，此构件有多种俗称，形似象鼻者称"象鼻架""象鼻挂"（图 2-63、图 2-64）；形似虾背者称"虾背梁""花公背"（图 2-65、图 2-66、图 2-67）等[3]。东阳宗祠、厅堂等采用"彻上明造"的建筑往往采用虾背梁做法，以加强柱与柱之间的横向拉结能力。由此，相关木构件不仅融进了建筑美学，而且对保持两柱及两桁不位移、保证屋面的平稳等起到了很大的作用。

图2-63 清道光年间重建的卢宅树德堂前厅——象鼻架

图2-64 清道光年间重建的卢宅树德堂前厅——山榀象鼻架与插翼

图2-65 清晚期东阳马上桥花厅——虾背梁与插翼

图2-66 清晚期东阳马上桥花厅——山榀虾背梁

---

① 又称猫梁。浙江省文物局：《浙江省第三次全国文物普查新发现丛书 宗祠》，4页，杭州，浙江古籍出版社，2012。
② 与《江南传统木构建筑大木构造技术比较研究》一文中所描述的仅作为建筑装饰的重点而失去了承受水平拉力的作用不符。钱梅景：《江南传统木构建筑大木构造技术比较研究》，无锡，江南大学硕士学位论文，2016。
③ 王仲奋：《东方住宅明珠 浙江东阳民居》，55页，天津，天津大学出版社，2008。书中另记述有"老鼠皮叶（蝙蝠的俗称）"和"倒挂龙"的前后搭形象类别。

此外，东阳民居中有一种建筑装饰构件可能是由虾背梁衍生、发展而来的，即当地俗称的"插翼"。这是一种纯装饰性构件，插置在柱的两端，形似双翼（图2-68、图2-69）。这种构件近似于褪去了拉结作用的"虾背梁"或"象鼻架"，没有承重作用，仅作为一种装饰构件存在。

图2-67 清初博鳌堂——虾背梁

图2-68 清中期金华三开间——插翼

图2-69 清中期东阳民居——插翼

（五）出檐构件

东阳民居，特别是宗祠、厅堂、豪宅等规模较大的建筑，檐口都较高，其外檐结构一般采用"牛腿"[①]，即"斜撑"，也称"撑栱"[②]。

东阳民居的出檐构件，一般由"牛腿""琴枋""刊头""花篮栱"等组成一个木雕组群（图2-70），

---

① 在金华、丽水、衢州以及徽州一带，当地工匠和百姓都称此斜撑构件为"牛腿"或"马腿"。其形式有一个从简单到复杂的演变过程。清中期，此斜撑构件在瓯江中上游地区与金华、衢州以及徽州一带发展得非常成熟，不但以雕刻精美著称，而且与另外的檐下构件一起形成了一套稳固的程式化组合，被称为"七块"，意即由七块单独的木构件组装而成。王媛，曹树基：《浙南山区明代普通民居发现的意义——以松阳县石仓为例》，载《上海交通大学学报》，2009（2）。王媛：《商业移民与住屋的炫耀性消费——以瓯江中上游地区为例》，载《社会科学》，2012（4）。
② 楼庆西：《雕梁画栋》，120页，北京，生活·读书·新知三联书店，2004。

以承接仔桁（即挑檐桁、挑檐檩）。檐柱在面阔方向上置放雀替，上承骑门梁等，其中，雀替有时也会被做成"小牛腿"样式，与"大牛腿"相呼应（图2-71）。"牛腿"是东阳民居建筑中的专有名词，也是东阳民居建筑体系中的特色构件③。

有关"牛腿"的出檐方式，具体做法较多：通常在"牛腿"之上置放"琴枋"，再在琴枋上放置斗垫、坐斗以承托花篮栱（也有的不加斗垫），并以花篮栱承托仔桁的重量（图2-72）；还有在第一层

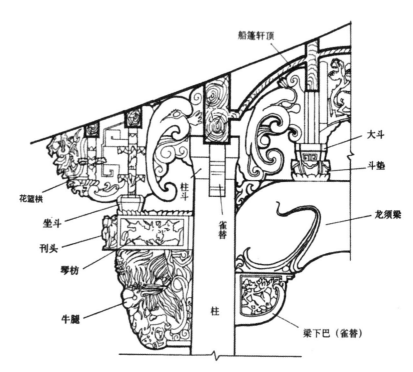

图2-70 东阳民居出檐构件组合

图2-71 清中期兰溪民居——"小牛腿"雀替

③ 王仲奋：《东方住宅明珠 浙江东阳民居》，212页，天津，天津大学出版社，2008。

琴枋上置放雕刻精美的方形短柱，上面承接第二层琴枋，构成"双层琴枋"的样式（图2-73），以承接其上的斗垫、坐斗、花篮栱等构件；有在牛腿上置放琴枋，直接以琴枋承接挑檐桁的做法（图2-74）；有以琴枋承枋、柱，以柱承接檐桁、仔桁的做法（图2-75），这种做法有时会以梁出头充作琴枋；亦有在一层的琴枋上置斗垫、坐斗承接短柱，柱上再置放花篮栱，直接承接二层仔桁的做法（图2-76、图2-77）……可见，实例中牛腿的做法往往多种多样，取决于房主的经济能力、房屋的实际情况、匠师的制作水平等，可谓因人、因时、因事制宜。

图2-72 史家庄花厅——出檐组合

图2-73 双层琴枋样式

图2-74 马上桥花厅——琴枋承桁做法

图2-75 清中期临安两进厅——琴枋上承枋、柱，再承檐桁、仔桁

花篮栱

图2-76 清晚期东阳巍山镇——柱上置花篮栱承桁

花篮栱

图2-77 马上桥花厅——柱上置花篮栱承桁

　　明代至清早期的"撑栱"较简单，往往只是一根起斜向支撑作用的圆木，用以支撑挑檐或楼厢的承重构件。早期的斜撑，多直接以琴枋支撑仔桁（图2-78）；而后逐渐开始在琴枋上置放斗垫、坐斗和花篮栱，以此承托仔桁。这种斜撑的形式主要出现在清早期（图2-79），清中晚期以后基本不见。经过"东阳帮"师傅的不断改进，这样的"撑栱"雕饰变得越来越精细，成为兼具实用和艺术欣赏价值的木雕艺术品。因其后期的形状和功能，人们慢慢将之形象地称之为"牛腿"（图2-80）。自清代开始，"牛腿"雕饰越来越精美繁复，采用各式各样的雕刻工艺，逐渐成为外檐装饰中画龙点睛之笔。

图2-78 明晚期卢宅嘉会堂——撑栱

图2-79 清初兰溪依仁堂——撑栱

图2-80 马上桥花厅——牛腿构件组合

中国自古以来对居室营造有各种规定，尤其对庶民居所限制更多，以此来显示统治阶级的等级威严。唐宋以来，便有"凡民庶家，不得施重栱、藻井及五色交彩为饰。不得四铺飞檐。庶人舍屋，许五架，门一间两厦而已"[1]，"庶民庐舍，洪武二十六年定制，不过三间，五架，不许施斗栱、饰彩色"[2]等规定，并一直延续至清代。

虽然东阳民居中有不少违制之处，但在斗栱的使用上基本遵循规制，几乎所有民宅均不施斗栱和彩画，一般只有宗祠、厅堂及官府宅邸等使用斗栱[3]。

例如，卢宅是东阳地区使用斗栱种类最多、数量最多，也是唯一使用镏金斗栱的民居。在卢宅中的清代建筑——世雍堂中，我们依旧可以看到斗栱的身影（图2-81）。

一般来说，清代东阳民居中几乎没有卢宅中使用的斗栱，采用更多的出檐方式还是当地最具传统特色的"牛腿"构架组合。然而，牛腿组合中的"花篮栱"[4]，却是由斗栱演变而来的形制，即雕花斗栱。"牛腿"构架组合中的花篮栱，既承接上部挑檐枋，又拉接檐柱（图2-82）。

①（元）脱脱等：《二十五史（全本）宋史 1》，658页，乌鲁木齐，新疆青少年出版社，1999。
②（清）张廷玉，等：《明史 舆服志 4》，1071页，长春，吉林人民出版社，2005。
③王仲奋：《东方住宅明珠 浙江东阳民居》，168页，天津，天津大学出版社，2008。
④王仲奋：《东方住宅明珠 浙江东阳民居》，211页，天津，天津大学出版社，2008。

从形制与功能而言，当地所谓的"花篮栱"可能是清式正心瓜栱（即宋式"泥道栱"）、翘（即宋式"华上弓"）、正心万栱（即宋式"泥道慢栱"）、外拽瓜栱（即宋式"瓜子栱"）、外拽万栱（即宋式"瓜子慢栱"）等的组合，经由繁复的雕花装饰工艺慢慢演变而来（图2-83），或许是当地匠师们"明知不可为而为之"的一种讨巧做法。

图2-81 清早期卢宅世雍堂——偷心斗栱

图2-82 清代早中期金华汤溪——花篮栱

图2-83 东阳马上桥花厅——花篮栱

第三章

清代东阳民居的
小木装饰

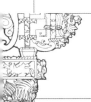

如果说大木作构建民居的整体架构，奠定规模、等级等气势格局，那么小木作则装帧建筑的细节，决定其精致程度。相对于主要起结构性作用的大木作而言，小木作的主要功用则在于装饰，通常可分外檐装修和内檐装修两种[①]。其中，外檐装修主要包括门、窗、栏杆、靠、挂落、插角等；内檐装修则主要包括天花、屏门、纱隔、罩等[②]。

本章主要选取清代东阳民居中较常见的几种小木装饰，扼要进行阐释。

一、门与窗

门与窗作为建筑的门面，毋庸置疑是装修的重点之一。东阳民居中的门窗，其形制相对较为简洁，但通过门与窗、格心与夹堂板、透雕与浮雕的不同组合，亦展现出别样的韵律，变化多端，主次分明。

（一）门的主要形制

东阳民居中常见的门主要有板门、矮闼门和隔扇门三类。其中，板门可以分为实拼门和框档门两种，实拼门以木材结方拼成，常见于墙门（图3-1）；而框档门则以木料作框而镶钉木板，常见于大门与屏门（图3-2）[③]。

图3-1 实拼门内外（组图）

---

① 周学鹰，李思洋：《中国古代建筑史纲要（上）》，320~338页，南京，南京大学出版社，2020。
② 周学鹰，马晓：《中国江南水乡建筑文化》，页，武汉，湖北教育出版社，2006。
③ 镶板门罩亦称"框档门"，也叫"翻槟子门"。由木料并接成框，中镶以木板而成的门，故名。北京市文物研究所编，吕松云，刘诗中执笔：《中国古代建筑辞典》，124页，北京，中国书店，1992。

图3-2 框档门内外（组图）

　　由于墙门还承载一定的防御（防贼、防盗）功能，故而其门锁亦是重要部件。在东阳民居中，墙门门锁常见的有垂直式和水平式两种。

　　垂直式的门锁一般以长木棍作销，插入位于门天盘的孔位中，而后将木棍推进门面，从而使门天盘、木棍与地面之间紧紧切合，将门抵住（图3-3）。

图3-3 垂直式门锁

水平式门锁又按是否使用钥匙进行划分。不使用钥匙的门锁相对简单，通常是一侧设置可转动的木轴，另一侧则设置上下两个门闩。当需要锁门时，将上门闩旋转开，从而使木轴能够置放在下门闩上，而后再将上门闩转下而与下门闩咬合，进而将木轴锁合在门闩内，将门锁住（图3-4）。

图3-4 白坦镇民居——无钥匙式门锁（组图）

使用钥匙的门锁则相对复杂。由于钥匙丢失，居住于其中的屋主后代甚至不清楚这类门锁曾有钥匙的存在。由于对门锁不了解，工匠对其进一步加工，在原先基础上，将门锁凿破一个小口，增置上门闩，从而将其改造为无钥匙式的简易门锁（图3-5）。

例如，在东阳白坦镇，我们能够分别看到被固定在关闭锁位（图3-6）和开启锁位（图3-7）两种状态的门锁。而基于对外观及破口处的观察，我们分析这类门锁内部应有两个可活动的木块，而锁芯本身自带一个可容木块落下的豁口。木块会在重力作用下自然落下，而当钥匙插入并向上倾顶，则能将木块向上顶出，此时锁芯可以左右移动。当需要开锁时，则将锁芯向外拉，靠内侧（远离钥匙插口处）的木块被顶至锁芯上方，靠外侧（靠近钥匙插口处）的木块则随着钥匙取出而落下至豁口中，从而将锁芯固定在开启的状态。当需要关锁时，则将锁芯向内推，此时靠外侧的锁芯被顶至锁芯上方，而靠内侧的木块则来到钥匙正上方，随钥匙取出而将锁芯固定在关闭的状态。

据此，我们尝试绘制出工作示意图以进一步阐释其工作原理（图3-8、图3-9），但由于没有机会剖开详细观察，具体情况亦可能存在一定出入。

图3-5 被改造为无钥匙结构的门锁

图3-6 门锁关闭时状况

图3-7 门锁开启时状况

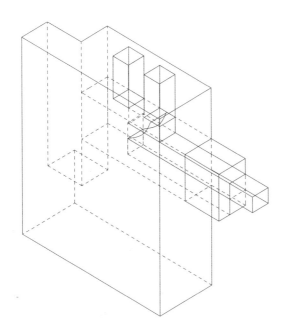

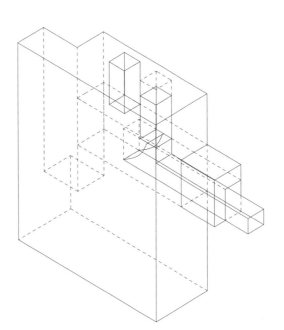

图3-8 锁芯结构猜测图

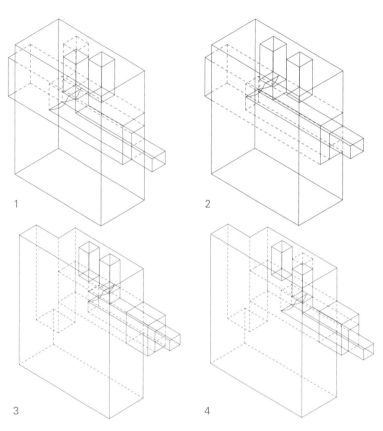

1 2

3 4

图3-9 开锁过程猜测图

矮闼门即半高的矮门，外形或似栏杆，或似窗扇，有单扇和双扇之分。东阳地区民居中较常见者是类似于栏杆的双扇矮闼，用于倒座及洞头屋[①]等处，多为下部框档门与上部棂条结合的式样（图 3-10、图 3-11）。

图3-10 东阳古渊头村民居——双扇矮闼

图3-11 东阳白坦镇民居——双扇矮闼

① 厢房靠正房处的一两间称为"洞头屋"，因采光条件不太好，一般较少住人，用于堆放杂物或圈养牲口。林友桂：《浦江郑义门营造技艺》，53页，杭州，浙江摄影出版社，2014。

隔扇门式应为东阳民居中最常见的门扇式样，以五抹头式为主，亦有六抹头式。五抹头式从上至下分别为上夹堂板、格心、中夹堂板、裙扇（图3-12），六抹头式则是在五抹头基础上多增添一个下夹堂板（图3-13）。

有些格心的背后还会增置可活动的木板，以控制光线的进入。如在需要遮蔽光照或满足隐私要求时可以用其挡在透雕的格心背后，而在需要采光时可将其向下推至裙板后侧，从而使格心处光线透入（图3-14至图3-16）。

图3-12 五抹头式隔扇门

图3-13 六抹头式隔扇门

图3-14 中间两扇遮光板开启——侧旁四扇遮光板关闭

图3-15 东阳卢宅 遮光板位于格心背部　　　　　　图3-16 东阳卢宅 遮光板位于裙板背部

（二）窗的主要形制

东阳民居中使用的窗型主要可分牖窗、纯格心式和隔扇窗三种类型，又有固定式和活动式之分。

牖窗是指外墙上的窗洞[①]，一般只设木板窗扇或简单的棂条（图3-17），亦有砖作或瓦作等形式。其装饰重点通常在于窗罩、窗楣和窗框，而不在于窗扇本身。牖窗本身的窗格为固定式，但在窗扇内侧通常会设置活动窗板，可开启采光，亦可关闭遮蔽（图3-18）。

图3-17 牖窗外侧式样　　　　　　　　图 3-18 牖窗内侧活动窗板

① 何本方，等：《中国古代生活辞典》，522页，沈阳，沈阳出版社，2003。

纯格心式的窗扇不设置夹堂板与裙板，完全以格心形式出现，即从上到下皆透光，既有活动式亦有固定式（图3-19、图3-20）。其优点在于透光性较好，但相对而言牢固度较差，易损坏。

图3-19 古渊头村民居——固定式纯格心扇

图3-20 古源头村民居——开扇式纯格心扇

隔扇窗较常见。其形式也相对多样，有三抹头式、四抹头式、五抹头式与组合式等，或为固定式，或为开扇式。

三抹头式为格心加下夹堂板（图3-21）；四抹头式为上夹堂板、格心加下夹堂板（图3-22）；五抹头式为上夹堂板、格心、中夹堂板加小裙板（图3-23）；组合式则有周围为固定风窗、中心为开扇窗的"小姐窗"式样（图3-24），有的亦划分为上下两个块，一部分为两扇开扇或固定窗，另一部分为一扇固定窗格的"一托二"（图3-25）、"二托一"式等。

图3-21 三抹头隔扇窗

图3-22 四抹头隔扇窗

图3-23 五抹头隔扇窗

图3-24 "小姐窗"

图3-25 "一托二"式

在部分隔扇窗的外侧,有可能增置"挡窗"装置。所谓"挡窗"则是指在窗扇外侧下部的一扇窗栏,用以阻挡视线,使窗外经过之人在窗户敞开时亦不便看清室内状况[①]。其做法有栏杆式(图3-26)、整体花板式(图3-27)两种,都能够起到部分遮蔽视线的功能。

此外,就功能而言,组合窗式的出现亦有可能是出于"遮丑"的目的,是将隔扇窗与"挡窗"结合而形成的产物。

除上述式样外,亦存在极简式样者——板窗,关闭时完全不透光(图3-28)。板窗常见于二层等不用于居住的空间,其关闭和开启可起到调节通风的功用。

图3-26 栏杆式"挡窗"

图3-27 整体花板式"挡窗"

① 又称"遮丑窗"。张伟孝:《明清时期东阳木雕装饰艺术研究》,87页,上海,上海交通大学出版社,2017。

图3-28 东阳卢宅——板窗

（三）门与窗的组合

门窗作为古代建筑的主要门（立）面之一，其排列组合往往呈现出一定的韵律，在立柱之间有序变化，不断提升人们的视觉感受。

东阳民居建筑中的门窗组合大致可分为连排门扇式、门扇中置式、窗扇中置式、门扇侧置式等四种。

连排门扇式常用于明间，其上或置固定风窗（图3-29、图3-30）。当门扇全部关闭时，往往能够给人以一定的视觉冲击。而当门扇全部开启时，又将外部空间与内部空间连为一体，延伸整体的视觉感受。

门扇中置式则是门扇居中、两侧置窗扇的做法（图3-31、图3-32）。若使用隔扇门，则两侧窗扇的夹堂板与格心的高度位置大多与中心门扇平齐，或至少保证底部裙板高度平齐，进而使得门窗整体协调统一。

图3-29 东阳李宅——连排门扇式，上置风窗1

图3-30 东阳卢宅——连排门扇式，上置风窗2

图3-31 古渊头村民居——门扇中置式，隔心平齐

图3-32 古渊头村民居——门扇中置式，裙板平齐

窗扇中置式则是以两扇或四扇窗为居中，门扇位居两侧的做法（图3-33、图3-34）。此种做法，两侧门扇多以板门为主，板门上方或置固定风窗。

图3-33 古渊头村民居——窗扇中置式，四扇式

图3-34 古渊头村民居——窗扇中置式，双扇式

门扇侧置式则并不采用对称布局方式，仅以单扇或双扇门侧置，并与窗扇形成组合（图3-35、图3-36）。这种做法相对简略，多用于洞头屋处。

图3-35 白坦镇民居——门扇侧置式，单扇门式

图3-36 古渊头村民居——门扇侧置式，双扇门式

　　总之，门扇的排列组合并非一成不变。其在建筑内的应用往往呈现出一定的规律，从而营造出变化丰富、合于韵律的美感。通常来说，上房或厢房的明间多采用连排门扇或门扇中置式，次间多采用窗扇中置式兼有连排门扇式（图3-37、图3-38），洞头屋处则多采用门扇侧置式和窗扇中置式。若厢屋数量较多，还有可能使用间隔变化的方式，兼用门扇中置式和窗扇中置式的做法，使得观感上能够产生更多的韵律变化，减轻视觉疲劳。

图3-37 东阳卢宅——明间连排门扇式，次间窗扇中置式

图3-38 东阳李宅——明间门扇中置式

（四）门窗装饰纹样

　　明清时期，随着社会经济的相对发展，工匠技艺的持续成熟，普通民众生活水平的提高，东阳民居中门窗的装饰开始愈发多样化与精致化。譬如，早期门扇的格心多采用直棂、方格纹等简单几何纹饰，夹堂板通常不作雕饰。到了清代，随着雕工的发展，格心位置愈发成为装饰的重点，常采用透雕以保证采光效果，而夹堂板的雕饰则渐渐展示出画工体的格调[1]，画面更加讲究构图与透视效果。

　　一般而言，上夹堂板与格心通常采用透雕的雕刻技法，以保证足够的采光。其中心位置常装点"芯板"，浮雕或透雕人物、动物或风景作为重点装饰。中夹堂[2]的位置在视平线附近，是装饰的重点[3]。中夹堂板由于位于极易触碰的高度，则常做浅浮雕装饰。浅浮雕雕刻深度浅，不硌手亦不易损毁，其含蓄的画面效果更能衬托格心镂空的装饰，使得整体协调有序。加之东阳巧匠尤以浅浮雕出名，中夹堂板的位置更是给了他们施展身手的好平台，毫厘方寸之间尽见邈远河山。而东阳民居中的裙板与下夹堂板，则大多不作雕饰，质朴无华。

　　东阳传统民居门窗的精美程度，往往与家庭的财力、地位及艺术修养等因素成正比。无论门窗本身的雕工如何，其在个体装饰上亦往往讲究一个"变"字，以求带给人视觉上的新鲜感。在一组门扇或窗扇中，不同门窗同一部位的装饰可同可异。复杂情况下，上夹堂板、格心与中夹堂板的三组装饰可能各自相异（图3-39）；特别是"中夹堂板的薄浮雕，薄如纸，却立体感强，形象细腻逼真，那真是到了出

图3-39　格心、夹堂板均相应变化

---

① 东阳木雕分雕花体和古老体两种传统样式，后扩展出徽体、京体、画工体等多种风格。画工体结构层次分明，景物结构排列疏密有致，脉络自然和谐。东阳木雕题材内容大多选材历史故事和民间传说，在画面结构设计方面与传统中国白描画如出一辙，图案装饰丰富多样，其间还夹杂了人物花鸟、山水走兽的图案纹理。在创作工艺方面，东阳木雕以全方位、多层次透视原理进行雕制。肖峰：《当代运动与艺术潮流　雕塑与雕刻卷》，168~169页，长春，吉林出版集团有限责任公司，2015。
② 格心和裙板之间为绦环板，又叫中夹堂板。田银生，唐晔，李颖怡：《传统村落的形式和意义　湖南汝城和广东肇庆地区的考察》，142页，广州，华南理工大学出版社，2011。
③ 陈凌广：《古埠迷宫　衢州开化霞山古村落》，80页，北京，商务印书馆，2016。

神入化，鬼斧神工的样子"①。一般简单的装饰也会在夹堂板或格心某处作相应的区分（图3-40）。但亦存在某些门窗只作极简的几何纹格心装饰，各组夹堂板与格心均无变化（图3-41）。

图3-40 上夹堂板、格心无变化，中夹堂板相异　　　　　图3-41 夹堂板、格心均无变化

关于纹饰方面的变化，主要有三种类型：中心题材变化、细节变化、相同纹饰对称变化。一般而言，为追求整体的一致性，格心或夹堂板的纹饰并不会完全相异，可以只对中心位置的纹样做同主题的异化，表达同一故事或同一主题（图3-42）；也可以调整散点嵌花的位置或对相似纹饰作细节异化，使之远

图3-42 格心中心纹饰相异

① 洪铁城：《东阳明清住宅》，109页，上海，同济大学出版社，2000。

观相似，近观却不尽相同（图3-43、图3-44）；抑或是相同的纹饰但整体方向对称（图3-45），减少工作量的同时也保证画面题材不过于单一。

图3-43 散点嵌花相异

图3-44 同一纹饰的不同细节

图3-45 同一纹饰的对称组合

在具体纹饰上，可以分几何纹饰和组合纹饰两大类。几何纹饰中包括有直棂、方格纹、回字纹、万字纹、黻亚纹[1]、冰裂纹、龟甲纹、席纹、星光、风车等；组合纹饰则涉及卷草纹、动植物纹、如意云纹、神仙人物、自然景观等[2]。民居的装饰题材历来自由而丰富，其背后往往蕴含大量时代背景、文人雅趣、历史典故、风俗信仰等信息，亦与屋主人的身份地位、品位修养、趣味偏好等因素息息相关，这其中还

---

① 黻亚纹：横竖棂仿古吉祥"亚"字组合，又称亚字纹，寓意明辨是非，善恶相背。冯维波：《重庆民居 下 民居建筑》，236页，重庆，重庆大学出版社，2017。
② 孙亚峰：《中国传统民居门饰艺术》，170页，沈阳，辽宁美术出版社，2015。

蕴藏有大量值得探究的风水、禁忌等民俗文化的奥秘，在此暂不赘述。

二、天花

东阳民居中的天花装饰主要出现在廊轩部位，为装饰重点之一，其形式大致可分为三种：船篷天花、平顶天花、混合天花。

船篷天花，是在鹅颈椽下铺钉薄板形成的半圆穹顶。相对而言，船篷轩作装饰的较少。有装饰者一般是在薄板下粘贴镂空雕花，锦地满布，并在中央设置浮雕芯板，可以是一个芯板（图3-46），也可以分区块存在多个芯板（图3-47）。

图3-46 船篷天花——单芯板

图3-47 船篷天花——多芯板

平顶天花，是在轩廊之下设置平顶天花板，再在其中心或边角粘贴镂空雕花[①]，其类型式样也大致可分为中心式和分区式两种。中心式是一榀梁架间的平顶天花仅有一处中心纹饰，其余边角纹饰围绕中心展开（图3-48）。其中，繁复者也可能在平顶天花处做出类似于微型藻井的效果，用木板在原先的平顶薄板之下增落一层，从而使中心纹饰的周边平板位置更低，进而在视觉上呈现出中心开光位置向上凹陷的立体效果（图3-49）。分区式则是在一榀梁架间划分出三个或多个区块，每个区块分别有自己的装饰中心（图3-50、图3-51）。

此外，从明间到次间，天花装饰在题材内容、体量大小等方面也可能作一定的区分。

图3-48 中心式平顶天花

[①] 也有学者认为，平顶天花顶即在月梁之上、楼板之下设置平顶天花板，再在天花板中心和边角粘贴锯空雕花，内容多鸳鸯、暗八仙、戏剧人物等，类似现代吊杆顶棚的设计。张伟孝：《明清时期东阳木雕装饰艺术研究》，95页，上海，上海交通大学出版社，2017。

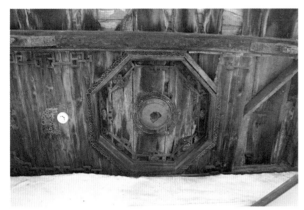

图3-49 中心式平顶天花——立体式样

图3-50 明间分区式平顶天花

图3-51 次间分区式平顶天花

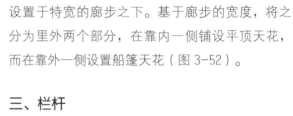

混合天花是廊轩装饰中最华丽的一种，通常设置于特宽的廊步之下。基于廊步的宽度，将之分为里外两个部分，在靠内一侧铺设平顶天花，而在靠外一侧设置船篷天花（图3-52）。

三、栏杆

东阳民居中采用栏杆的部位不多，因之并不常见。所用者多出现于房屋二层，起到一定防护作用。其形制一般较简洁，主要包括寻杖栏杆[①]与花式栏杆[②]两种类型。

寻杖栏杆由望柱、寻杖、蜀柱、华板、地栿等组成，但其华板处通常并不采用栏板形式，而多使用瓶式（图3-53）、万字锦地（图3-54）、回字锦地（图3-55）、冰裂纹（图3-56）等式样。此外，蜀柱也不一定采用简单的短柱，而常以各式花样小件替代，使得整体形象更轻快活泼。

较之前者，花式栏杆少了扶手寻杖，代之以纯粹的雕花棂格[③]。通常是在华板上透雕出各类纹饰，如冰裂纹（如图3-57）、万字锦地等，式样简洁别致。

图3-52 混合天花

---

① 也有学者认为寻杖栏杆由望柱、寻杖扶手、腰枋、下枋、地栿、牙子、绦环板、荷叶净瓶等组成。王佳桓：《京华通览 北京四合院》，124页，北京，北京出版社，2018。
② 此类栏杆往往不用寻杖，而是在整个栏杆心子上做成或简或繁种种花样，式样百出。雷冬霞：《中国古典建筑图释》，147页，上海，同济大学出版社，2015。
③ 简称"花栏杆"。拥有大面积雕花棂格，构件有望柱和花格棂条，多不用寻杖而只有简单的横枋，枋下的面积就是花格棂条部分。牛俊山：《简明常用建筑与园林基础知识读本》，27页，临西县诚信印刷厂印刷，非正式出版物，2009。

图3-53 白坦镇民居——寻杖栏杆，瓶式　　　　　　　图3-54 白坦镇民居——寻杖栏杆，万字锦地

图3-55 东阳卢宅——寻杖栏杆，回字锦地　　　　　　图3-56 古渊头村民居——寻杖栏杆，冰裂纹

图3-57 古渊头村民居——花式栏杆，冰裂纹

清代东阳民居的

榫卯应用

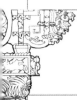
一座木构建筑的搭建，需要数以百计，甚至成千上万个木构件组合而成。这些构件，除少部分使用一定钉子外，基本是由榫卯连接而成。榫卯的功能，即在于使各个独立的构件紧密结合而成为一个整体，能够承受各种荷载能力，可以说榫卯是研究中国古建筑构造方式中的一个重点。

木构建筑中榫卯的应用种类很多，其形状及应用形式与之功能直接相关。关于浙江地区传统榫卯的应用，可以以是否使用销子[①]作标准，划分为两大区域[②]。

在榫卯结构相对更传统和复杂的浙南温州地区[③]，木构件的结合基本依靠榫卯之间的互相咬合，销子、铁钉使用频率较低；

在榫卯结构相对简单的浙中、浙北、浙东、浙西地区，木构件的结合往往依靠榫卯和销子共同连接。在具体的榫卯应用种类及特征上，浙中、浙北、浙东和浙西之间存在一定的相似性，但同时亦具有各自的地域特征。

在本章中，我们试图梳理和总结清代东阳民居木构件不同部位、不同构件之间的结合方式。这一地区所采用的加固连接方式主要是"三销一牵"[④]及暗销，而根据榫卯功能和使用位置的不同，可以将之大致分为：垂直构件的连接、垂直构件与水平构件的连接、水平构件的连接、出檐构件的连接以及小木做的连接五大类。

一、"三销一牵"

销子在东阳民居中的应用十分广泛，它能够加强榫卯之间的连接，防止拔榫现象的产生，能够很好地增强大木构架的稳定性。所谓"三销一牵"，指的是柱中销、羊角销和雨伞销这"三销"及"墙牵"这"一牵"[⑤]。

柱中销是东阳民居中应用很多的类型，因其所使用的位置在柱中，故名。或认为"东阳民居建筑中的'柱中销'做法与河姆渡出土的距今七千多年的'柱中销'做法完全一样，而且两地相距仅百公里，这充分说明两者间有同根共祖的'血缘'关系，足见东阳建筑源远流长"[⑥]。

柱中销的应用方式主要是在两个对应的连接构件上分别凿眼，当榫头装入柱上的卯口时，以柱中销加以拉结固定（图4-1、图4-2）。一般而言，在建造完成后，往往将突出在柱身之外的销身去掉（图4-3）。

羊角销[⑦]在东阳民居中的应用较之柱中销要少得多，主要用于榫头穿透柱子的出榫部位，从外侧对其加以拉结固定（图4-4）。

在此前的研究中，人们通常将羊角销与柱中销分开论述，其形制也不相同[⑧]。但在清代东阳民居中

① 古建大木作中，销子多用于额枋与平板枋之间、老角梁与仔角梁之间以及叠落在一起的梁与随梁之间或梁背、隔架雀替与梁架相叠处等。古时也有在檩子、垫板、枋子之间使用销子以防止檩、垫、枋走形错动的，现在已很少采取。本书编委会：《工长一本通系列 木工工长一本通》，372页，北京，中国建材工业出版社，2009。

② 石红超：《浙江传统建筑大木工艺研究》，57页，南京，东南大学博士学位论文，2016。

③ 或认为：存在于北起浙南的温州地区，经福建而达广东，越台湾海峡而达台湾省，属于闽粤文化区。陆元鼎，潘安：《中国传统民居营造与技术 2001海峡两岸传统民居营造与技术学术研讨会论文集》，8页，广州，华南理工大学出版社，2002。

④ 王仲奋：《东方住宅明珠 浙江东阳民居》，54页，天津，天津大学出版社，2008。

⑤ 王仲奋：《婺州民居营建技术》，20页，北京，中国建筑工业出版社，2014。

⑥ 蒋必森：《东阳人在北京》，109页，北京，新华出版社，2008。

⑦ 固定梁头的木销，贴靠柱子，形似羊角的销。王仲奋：《东方住宅明珠 浙江东阳民居》，291页，天津，天津大学出版社，2008。

⑧ 在王仲奋的《东方住宅明珠 浙江东阳民居》、石红超的《浙江传统建筑大木工艺研究》等研究论述中，羊角销属扁销一类，与柱中销不同。

图4-1 柱中销的应用1

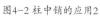

图4-2 柱中销的应用2

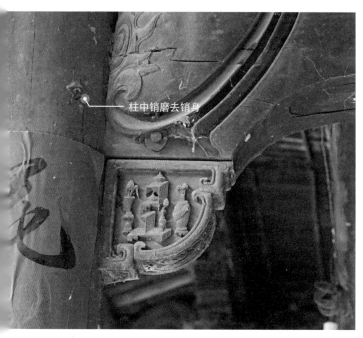

图4-3 磨去销身的柱中销

图4-4 羊角销的应用

所存留的羊角销实例来看，其形制与柱中销无异，只是应用的位置有所不同。

东阳当地木作师傅也表示，他们基本不区分柱中销与羊角销，两者可以被视为一种物体。其形制都是弯弯曲曲似羊角，截面呈矩形的木条（图4-5），二者之间的差别仅为所用位置与拉结方式上的不同。

雨伞销[①]是东阳民居中尤具特色的一种销，两端似微张的小伞（图4-6）。"雨伞销：安置在柱头中间连接前后抽面，形似'←→'的木销"[②]。

雨伞销一般用于两侧高度一致的构件的连接，如枋与枋之间的连接等（图4-8）。由于其两个端头形式特殊，其拉结能力比前两者相对更强。在柱身做出的卯口中，属于雨伞销的卯口尤为好辨认。因在其安装过程中，需要先将雨伞销置入较窄的一处卯口中（图4-9），待两个需要拉结的构件对接后，再将雨伞销推入两个构件凿出的卯口之中（图4-10），先前空出的较窄卯口则以相应宽窄的木条填充（图4-11）。在东阳民居中，雨伞销的使用位置可以在两个需要拉结的构件之下，也可以在构件之上（图4-12）。若是位于上部的雨伞销，在推入卯口后可以不用木条将原先的窄卯口填充起来。有时为加强构件的拉结力，使其稳定性、牢固性更高，匠师们或采用上下都装置雨伞销的方式。

图4-5 羊角销与柱中销（组图）

---

① 为增强榀架的整体稳定性，义乌民居普遍使用"雨伞销"作为柱头与两枋结合端部的加固构件，这是浙江民居建筑体系特有的加固构件。黄美燕，义乌丛书编纂委员会，编，金福根，摄影：《义乌区域文化丛编 义乌建筑文化 上》，371页，上海，上海人民出版社，2016。

② 浙江省建筑业志编纂委员会：《浙江省建筑业志 下》，988页，北京，方志出版社，2004。

图4-6 雨伞销

图4-7 雨伞销端部

图4-8 雨伞销的应用

图4-9 雨伞销柱上卯口

图4-10 雨伞销枋上卯口

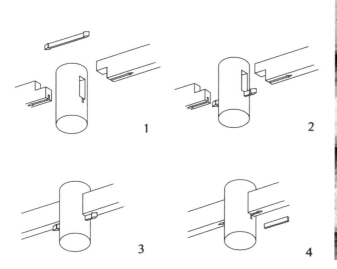

图4-11 下端雨伞销的安装过程

图4-12 上部雨伞销与下部雨伞销并存

"一牵"则是指墙牵，是用于墙与柱之间的拉结构件（图4-13、图4-14）[1]，通常钉在屋架边柱上，使屋架与墙体连成整体"[2]。在制作墙面时往往将墙牵做入其中，在其内侧突出的端头用铁钉将之与柱子之间联系起来，以此加强墙体与柱子之间的拉结力，提升木构架与墙体的整体稳定性。

图4-13 墙牵 1

图4-14 墙牵 2

二、垂直构件的连接

古建大木作中的垂直构件"主要指的是柱子，柱子可分为落地柱和悬空柱两类。落地柱即柱脚直接落到柱顶石上的柱子，如檐柱、金柱、中柱、山柱都属此类。悬空柱即指落脚在梁架上或被其他构件悬空挑起、捧起的柱子，如童柱、瓜柱、雷公柱等，都是悬空柱。这些垂直构件，不管处在什么部位，都需用榫卯来固定它的位置，于是就产生了用于柱上的各种榫卯"[3]。

从木构架的整体结构功能来看，柱类构件的连接固定关乎整个木构建筑的稳定性。由于木材本身的抗压性能较强，一般而言，传统建筑中的柱子很难被压断。因而，柱类构件的垂直连接主要考虑的是稳定性的问题，即其从柱脚到柱头与其他构件的连接问题。

（一）管脚榫

顾名思义，管脚榫是用于固定柱脚的榫，通常是柱子底面中心有一圆形榫头插入到柱顶石上预留的柱窝内。[4]

一般而言，在清代东阳民居中，落地柱的柱脚一般不采用管脚榫，即在柱脚与柱础之间不做榫卯咬合，而直接将立柱的柱脚落于柱础之上。因此，所说管脚榫主要指的是骑柱与其下梁架的连接方式。

① 吴新雷，楼震旦：《东阳卢宅营造技艺》，56页，杭州，浙江摄影出版社，2014。
② 湖镇镇志编纂委员会：《湖镇镇志》，438页，北京，方志出版社，2015。
③ 北京土木建筑学会：《中国古建筑修缮与施工技术》，159页，北京，中国计划出版社，2006。
④ 白丽娟，王景福：《清代官式建筑构造》，88页，北京，北京工业大学出版社，2000。

骑柱为"上不贴天下不着地的承重童柱"[1]。由于骑柱较短且粗，抗弯和抗压能力相对较强。所以对骑柱而言，如何保证它与其他构件之间荷载的均匀传递和连接的稳定性，是需要主要考虑的问题。管脚榫的具体做法，一般是柱脚处做方形榫头，除榫头外，柱脚的其余部分常常依照所骑梁架的梁背弯曲弧度做成蛤蟆嘴、鲫鱼嘴或平嘴形式，以与梁背密切贴合（图4-15、图4-16、图4-17），并在下端梁

图4-15 蛤蟆嘴骑柱

图4-16 清晚期磐安民居——鲫鱼嘴骑柱

图4-17 清初兰溪民居——平嘴骑柱

① 木庚锡：《丽江古建筑及装饰图集》，48页，北京，光明日报出版社，2014。

架的顶部凿出相应深度和直径的卯口以对应。除此以外，东阳民居骑柱下端的处理方法中还有一种更简单的做法，即不做鲫鱼嘴、蛤蟆嘴或平嘴等，直接做方形榫头，与梁背上的卯口相结合的墩接做法(图4-18、图 4-19、图 4-20)。相对而言，前者的做法能够更好地防止骑柱的位移，保证梁柱之间的稳定性。

图4-18 墩接骑柱榫卯 1

图4-19 墩接骑柱榫卯 2

图4-20 清中期金华民居——墩接骑柱

（二）柱顶榫/卯

柱顶榫在浙江河姆渡遗址中就已经出现，"第四文化层出土的50号构件，是一根长263厘米的立柱，两头都有小榫，与后世所见的非常相像"[1]。

柱顶榫是指位于柱顶位置的榫卯，主要是指柱与斗垫、斗栱的连接。此外，还涉及与梁、雀替、桁等构件的连接。

1. 柱与斗垫、斗栱的连接

东阳民居中，柱与斗垫、斗栱的连接通常是在柱头位置做方形单榫榫头（图4-21），即类似于北方的"馒头榫"[1]，在斗栱的底端做对应卯口（图4-22）。若采用斗垫，则在斗垫中心位置做对应方形透空孔（图4-23），以便柱头的榫头透过并插接于斗底的卯口之中（图4-24），斗上承接三脚跳、勾连搭或工字栱等构件。

图4-21 柱头方形榫　　　　　　　　　图4-22 斗底方形卯口

图4-23 斗垫透空卯口　　　　　　　　图4-24 柱头上承接大斗单榫做法示例

---

① 本书编辑部：《中国建筑史论文选辑 第1辑》，508页，台北，明文书局，1984。
② 馒头榫是在柱子的顶端，位于中心做一个正方形的榫头，上小下大，榫长三寸。白丽娟、王景福：《古建清代木构造》，2版，201页，北京，中国建材工业出版社，2014。

　　除上述所示柱头与大斗单榫的连接方式外，还有兼顾枋的双榫做法，"双榫具有扎实稳固的连接特点"[①]。即在柱头部位做出双榫榫头（图4-25），双榫中间部位凿出适应枋"大进小出榫"[②]的卯口（图4-26），上端大斗的底部做出适应双榫的卯口，卯口连线的垂直方向凿出两个适应枋"大进"的卯口（图4-27、图4-28、图4-29）。

图4-25 柱头的双榫榫头

大进小出榫

图4-26 作"大进小出榫"的枋

图4-27 大斗的双榫连接卯口

---

① 赖院生，陈远吉：《建筑木工实用技术》，81页，长沙，湖南科学技术出版社，2012。
② 大进小出榫是指将一段直材的尽头切去一块留下一段小榫，再用另一段直材做卯。卯并没有做成透的，而是一边透，一边实。将榫插入卯时，除了小榫头会露出来之外，其余部分就藏于卯中了。李梅：《精工细作 北京地区明清家具研究与鉴赏》，91页，北京，北京美术摄影出版社，2015。

图4-28 柱头—枋—斗栱的做法

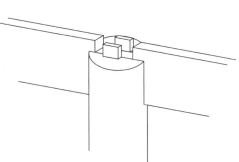

图4-29 柱顶斗枋的双榫做法

2. 柱与梁、桁等的连结

清代东阳民居柱头的做法，既有在柱顶凿出卯口，在梁底相应做榫头与柱咬合的做法，亦有在柱顶做榫，插入梁底凿出的卯口之中的做法。

在柱顶凿卯口的做法中，主要有柱头"一字形"和"十字形"两种卯口。"一字形"卯口上承接的梁往往在梁底做出半榫，两个半榫在柱顶对接，有时两梁之间亦做榫卯加强连接（图4-30、图4-31、图4-32）。此外，"一字形"卯口还有可能对应梁与琴枋的一体化构件，即双步梁或单步梁与外侧琴枋为同一构件，其过渡的中间部位或做成"一字形"榫头，与位于柱头的卯口对接（图4-33）。

"十字形"卯口的做法往往用于金柱，由四个"大进小出榫"两两对接而成。其中，底部两枋所对应的卯口水平位置相对更低，倒数第二层枋的榫头上平面与其垂直向卯口的底部等高，其上再接对应的一对梁或枋（图4-34、图4-35）。

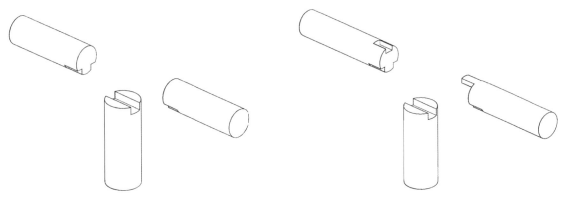

图4-30 柱头"一字形"榫卯

图4-32 "一字形"榫卯对应的梁底榫头

图4-31 柱头"一字形"卯口

图4-33 单步梁与琴枋一体化构件

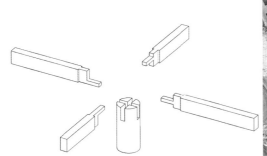

图4-34 柱头"十字形"榫卯

图4-35 柱头"十字形"卯口

关于柱头榫的做法，则通常做成形似两个端头对接的燕尾榫样式（图4-36），梁底或桁底做对应燕尾卯口扣接（图4-37），桁头或梁头两个燕尾榫[①]对接固定（图4-38）。除此之外，还有一种做法是在柱头直接做适应桁面弧度的凹槽，将桁直接置放于其上（图4-39）。

图4-36 柱头榫头

图4-37 梁底燕尾卯口

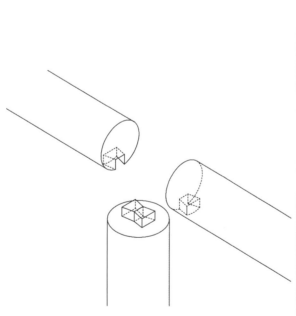

图4-38 柱头双燕尾榫做法

图4-39 柱头做凹槽承接桁条

① 又称银锭榫，头大根小，形似燕尾的榫。多用于檐枋、额枋、随梁枋、脊枋等水平构件与柱头相交部位，由于其头大根小，拍入卯口后不易拉脱，是一种构件联系的构造做法。清工部《工程做法则例》规定其长度为柱径的1/4，实际施工中也有大于1/4柱径的情况，但不超过3／10柱径。齐康：《中国土木建筑百科辞典 建筑》，391页，北京，中国建筑工业出版社，1999。

除上述外，柱头榫卯往往还会做适应雀替、替木等的卯口。最主要且最简单者即做直榫的卯口（图4-40），直榫雀替直接插置柱中固定（图4-41）。有关雀替与柱的连接做法实际上不止一种，还包括大进小出带燕尾榫、大进小出榫带柱中销等。所谓"大进小出带燕尾榫"，即是在大进小出榫的基础上，再增加了燕尾榫的做法（图4-42）；所谓"大进小出榫带柱中销"，即是指在大进小出榫的基础上，再用柱中销的方法对之进一步加固（图4-43）。

图4-40 柱头直榫卯口

图4-41 直榫雀替

图4-42 "大进小出带燕尾榫"雀替

图4-43 "大进小出榫带柱中销"雀替

三、垂直构件与水平构件的连接

在木构建筑中，垂直构件与水平构件相连接的节点较多，涉及柱、梁、枋等诸多构件以及相应的众多位置。在东阳民居中，很多时候枋不仅仅只起着穿插拉结的作用，同样也承担着水平荷载，具有与梁相同的功能，故其梁枋连接节点的牢固与否至关重要。由于构件相交位置与连接的方式不同，榫卯的类型也往往会有一定的差异。

东阳地区梁枋连接所采用榫卯的种类，大致可分两类：直榫和燕尾榫。

（一）直榫

"直榫的榫头是直的，做成长方形，可以直接插到构件的卯口内。直榫有长、短之分。"[1]即从榫头的底部到端部平直而没有收分，搭装时往往是水平打入卯口内。

相对而言，直榫拉结能力要弱于燕尾榫。故而通常会与销作搭配，以加强节点处的拉结能力，以防拔榫。这种榫卯多用于无法进行上起下落安装方式的柱身部位，可使榫头直接插入进行固定。东阳民居所使用的直榫，主要包括单榫、双榫、大进小出榫等。

1. 单榫

单榫，指榫头由梁或枋身平出，是较常见的直榫类型。其高与梁枋身齐，但宽略窄于身，依柱身尺寸而定。单榫中，除纯粹的单榫外（图4-44），又主要包括带肩单榫、单榫加柱中销、单榫加雨伞销等做法。

单榫带肩做法：因为有榫肩的缘故，使得榫头进入柱身部分有两级卡口相扣（图4-45），能够在一定程度上增强节点的稳定性。

单榫带方形凹槽的做法：在原本单榫的基础上，在榫头两侧再凿两道方形凹槽（图4-46），以便更好地卡入柱中（图4-47），达到类似于燕尾榫榫头大底端小的拉结效果。

单榫加柱中销的做法：在梁枋突出的榫头部位凿眼，同时在柱身的对应两侧亦凿眼，在榫头接入后，再以柱中销对之加以进一步固定（图4-48）。

单榫加雨伞销的做法：在榫头及梁身或枋身的上端或下端凿出雨伞销的卯口，以雨伞销加强节点处的拉结强度（图4-49）。

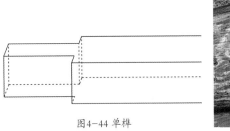

图4-44 单榫

图4-45 单榫带肩

① 白丽娟，王景福：《古建清代木构造》，第2版，204页，北京，中国建材工业出版社，2014。

图4-46 单榫带方形凹槽 　　　　　　图4-47 单榫带方形凹槽柱身卯口

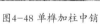
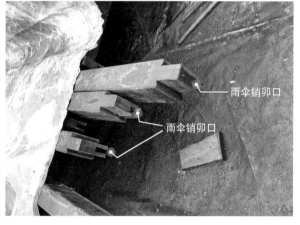

图4-48 单榫加柱中销 　　　　　　　图4-49 单榫加雨伞销

2. 双榫

　　双榫是在出榫位置做出两个凸出的榫头（图4-50、图4-51）。在遇到高度较大或重量较重的构件时，大木匠师们往往会采用上下都出榫头的双榫做法。相对单榫而言，双榫所占柱内空间较小，这就意味着柱身所需凿空的空间更小，更能够保证柱身稳固性。除纯粹双榫做法外，在东阳地区还有双榫加柱中销、双榫加雨伞销，乃至双榫加柱中销与雨伞销等多种做法。

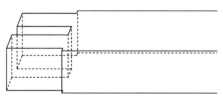

图4-50 双榫做法 　　　　　　　　　图4-51 双榫

双榫加柱中销的做法：或置单销（图4-52），或置双销（图4-53），一般视梁枋自身重量或所需承受重量而定。重量越重，所需节点部位的拉结力也就越大，置双销往往能够一定程度上增强其稳固性。

图4-52 双榫加单柱中销

图4-53 双榫加双柱中销

双榫加雨伞销的做法：或是在底部或顶部（图4-54），或是在上下两端均加销（图4-55），其目的也是为加强节点的拉结能力。

图4-54 双榫加柱中销连接效果

图4-55 双榫加雨伞销

双榫加柱中销与雨伞销的做法（图4-56）：结合了上述两者的有利特征，能够在较强程度上加强水平构件与垂直构件之间连接的稳固性。

3. 大进小出榫

前已述及，大进小出榫是指榫头的穿入部分，其高为梁或枋本身高，端部则按穿入的部分减半或更小（图4-57、图4-58）。这种做法能够一定程度减小柱身卯口所占据的空间，利于柱身稳定。这种榫卯，有出头和不出头两种做法。其中，出头做法又被称为"透榫"①，即榫头部位穿出柱身显露出来的做法（如图4-59）。

---

① 透榫抗弯能力强，抗拔能力差。陆伟东：《村镇木结构建筑抗震技术手册》，99页，南京，东南大学出版社，2014。

图4-56 双榫加柱中销与雨伞销

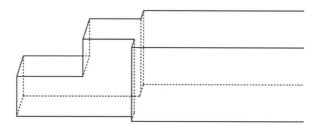

图4-57 大进小出榫

图4-58 大进小出榫

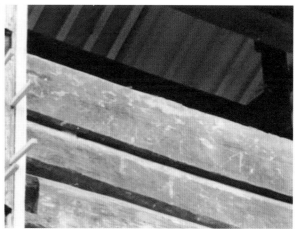

图4-59 透榫

　　在东阳民居的大进小出榫做法中，除纯粹的大进小出榫做法外，还包括有大进小出榫带肩、大进小出榫加柱中销、大进小出榫加雨伞销、大进小出榫加柱中销与雨伞销等。

　　大进小出榫带肩：在"小出"的榫头端头做出肩部（图4-60），加强与柱之间的拉结力。

　　大进小出榫加柱中销：在"小出"的一头做出柱中销的眼，以柱中销加强拉结（图4-61、图4-62）。此种做法的结合方式中还分两种，第一种是两个"小出"的端头相对或相碰，以柱中销拉结（图4-63）；第二种则是两个"小出"的端头上下错位，再以柱中销加强稳定性（图4-64）。这两种做法一般视柱的柱径、梁枋所需做出榫头大小而定，既要保证柱身不被掏空，又要保证榫卯的结合处具有相当的稳定性。除此之外，还有一种榫卯做法，同样是"小出"榫头上下相错，但两侧的榫头密切贴合在一起，也就意味着在柱上做卯口的时候，这一位置需要彻底打空，这种做法也叫"套榫"（图4-66）。但由于现在的大木师傅们大多认为这种做法凿去的柱中木料过多，减弱柱身的稳固性，故现在基本不再采用，所见实例也很少。

　　"大进小出榫加雨伞销"：一般是在"小出"的端头底部做出雨伞销的卯口（图4-67、图4-68），采用两侧榫头两两相对的方法，以雨伞销加强连接（图4-69），而"小出"端头上下相对，分别在顶底两侧做出雨伞销卯口的做法（图4-70）。此亦属"套榫"做法，同样比较少见。

图4-60 大进小出榫带肩

图4-61 大进小出榫加柱中销

图4-62 大进小出榫加柱中销对应的柱上卯口

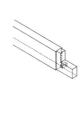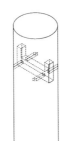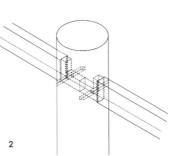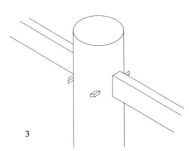

图4-63 大进小出榫加柱中销——端头相对

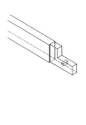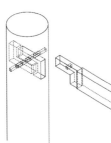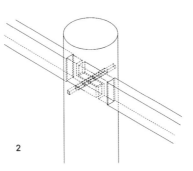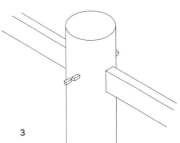

图4-64 大进小出榫加柱中销——端头错位做法

图4-65 大进小出榫加柱中销——端头错位

雨伞销卯口

大进小出榫

图4-67 大进小出榫加雨伞销

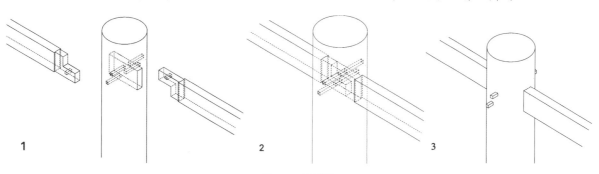

1   2   3

图4-66 "套榫"

雨伞销卯口

大进小出榫卯口

图4-68 大进小出榫加雨伞销——对应的柱上卯口

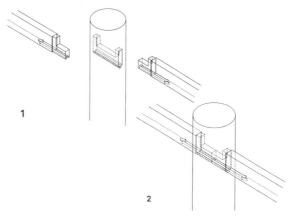

1

2

图4-69 大进小出榫加雨伞销——端头相对

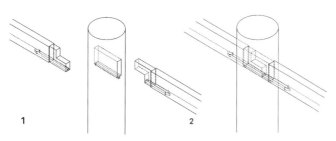

1   2

图4-70 大进小出榫加雨伞销——套榫形式

"大进小出榫加柱中销与雨伞销"：则基本是在"小出"的端头做出柱中销的眼，另一侧则做出雨伞销的卯口（图4-71），而不会将销眼与卯口都做在"小出"的榫头部位。其目的在于防止"小出"榫头部位所剩木料过少，拉结力减弱。

图4-71 大进小出榫加柱中销与雨伞销

柱中销
雨伞销

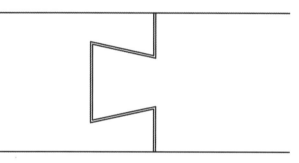

图4-72 燕尾榫

图4-73 不带肩燕尾榫

燕尾榫头

（二）燕尾榫

与直榫形制不同，燕尾榫"又称大头榫、银锭榫，它的形状是端部宽、根部窄，与之相应的卯口则里面大、外面小，安上之后，构件不会出现拔榫现象，是一种很好的结构榫卯"[1]。

燕尾榫的榫头一般处理成梯台形，根部窄、端部宽（图4-72），故而在水平向拉结力上要强于直榫，这种做法称为"乍"[2]。也因为燕尾榫在形制上的特殊，其安装一般采用上起下落的方式，在垂直构件与水平构件的连接中，其所采用的位置一般位于柱头，拉结水平向构件。其中又包括不带肩（图4-73）和带肩[3]两种做法，带肩的燕尾榫因为有了两级卡口相扣（图4-74），其拉结能力又有进一步的加强。

图4-74 带肩燕尾榫

肩部
肩部

① 《木工工长上岗指南:不可不知的500个关键细节》编写组：《木工工长上岗指南 不可不知的500个关键细节》，223页，北京，中国建材工业出版社，2012。
② 李慧：《图解木工实用操作技能》，432页，长沙，湖南大学出版社，2008。
③ 与石红超在《浙江传统建筑大木工艺研究》中所认为的东阳地区新做的燕尾榫中几乎没有带肩燕尾榫，并将之归因为费工所致的状况并不相符，东阳地区今天的仿古建筑和建筑修缮中仍旧存在大量带肩燕尾榫的做法。

四、水平构件的连接

水平构件之间的连接，主要是指枋、桁之类水平向放置的构件之间的连接方式，包括垂直向和水平向两种。

（一）水平构件之间垂直向的连接

这一类型主要指枋板[①]、楸面（即阑额类构件）等需要层层叠合装置的水平向构件的拼合，其中亦包括工字栱与枋板、花篮栱中各层重叠栱层的连接等。

东阳民居中此类构件的垂直向结合主要采用暗销的连接方式（图4-75），即在上下两构件的对应位置凿出眼，以暗销对接（图4-76、图4-77），加强构件之间垂直向的连接强度，增加整体强度与稳定性，防止位移。

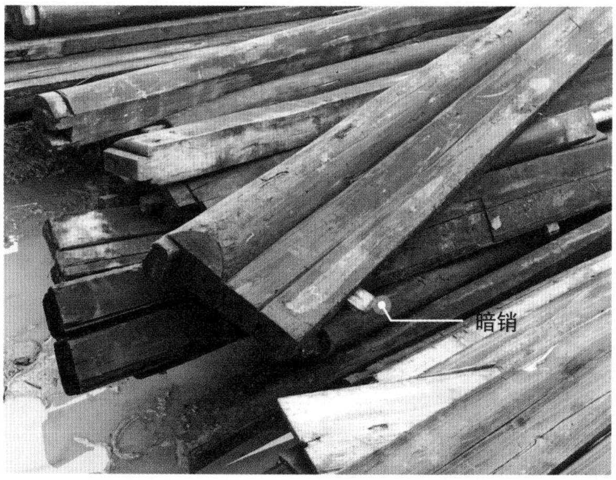

图4-75 暗销

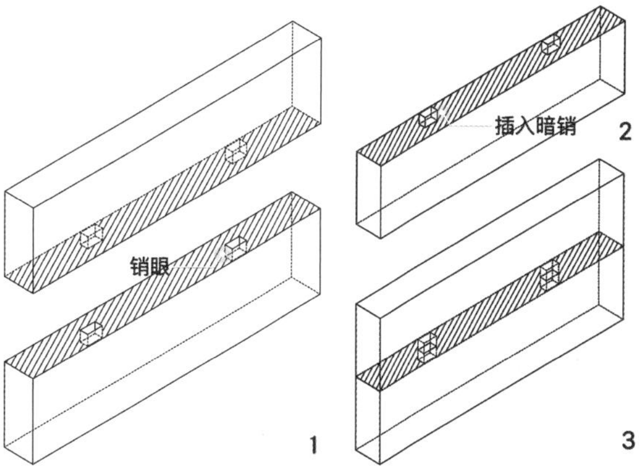

图4-76 暗销装置方式

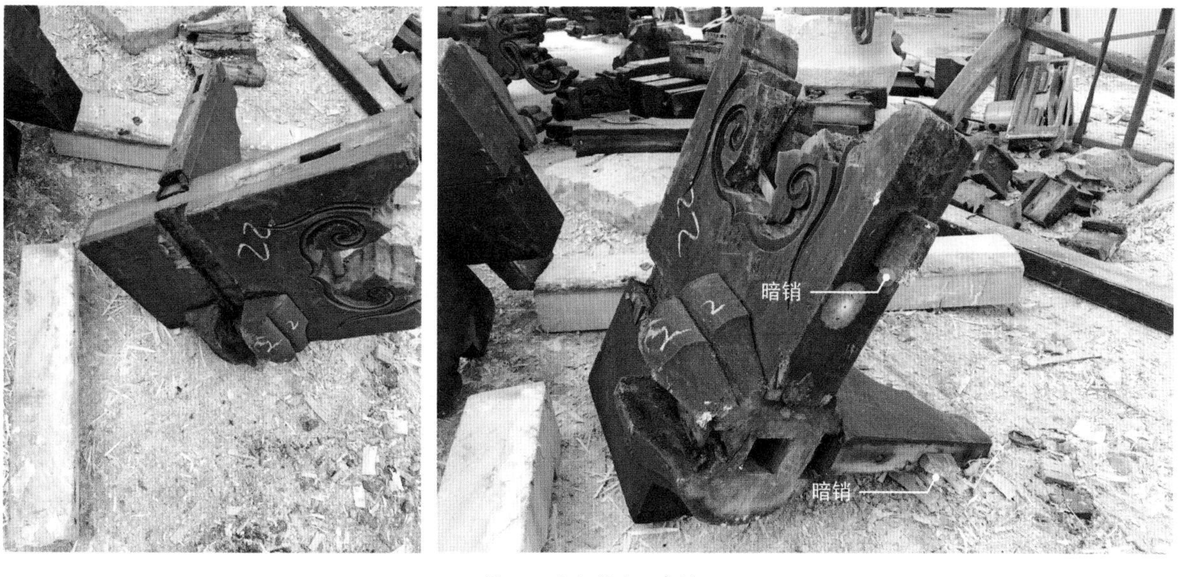

图4-77 山榀柱头工字栱

① 枋板不能用灯抬木。俗话讲“灯抬不上房，梨树不做床”。民间有“灯抬木上房招火灾，梨树做床夫妻要分离”的说法。房屋的柱头，最好是杉木、枫香木、松木，其他杂木次之。罗元枋、穿枋、挑手枋，一般选用杉木、松木、梓木、枫香及椿木等，椽皮多是松木和杉木。清镇市民族宗教事务局，清镇市布依学会：《清镇布依族民俗文化》，103页，贵阳，贵州民族出版社，2017。

（二）水平构件之间水平向的连接

这一连接类型主要指水平构件的搭交与对接，涉及桁、枋等构件。

在搭交连接模式中，主要采用的榫卯形式包括燕尾榫和直榫。水平构件的搭交中，如枋与搁栅连接，多采用燕尾榫形式，在枋板上做出燕尾榫的卯口（图4-78、图4-79），在搁栅的端头做出燕尾榫的榫头（图4-80），使其二者搭交扣接在一起（图4-81）。

水平构件之间的对接主要是用于构件的延伸、延长。在这种对接模式中，直榫和燕尾榫都有使用。"燕尾榫这类榫应用范围比较广，在木构架中，它是垂直构件与水平构件的连接方法之一，也是水平构件之间互相连接的一种方法"[1]。

图4-78 枋板上的燕尾榫卯口

图4-79 枋板上的燕尾榫卯口

图4-80 搁栅上的燕尾榫头

图4-81 枋与搁栅的搭接

比如，在桁与桁的对接中，或使用直榫对向插接（图4-82），或采用燕尾榫由上而下插接（图4-83）。此外，若下部承接的柱子不是做出凹槽承接上部的桁（图4-39），而是做出燕尾榫榫头或"一字形"卯口，则在对应桁的底部也会做出相应的卯口或榫头（图4-84至图4-87）。除桁的直接对接外，也可能不在桁与桁之间做榫卯连接，而在底部做半榫与下部柱头相接（图4-88、图4-89）。

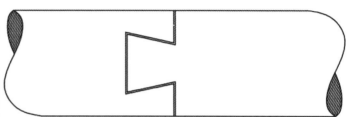

图4-83 燕尾榫

图4-82 直榫

图4-84 直榫对接加燕尾榫卯口

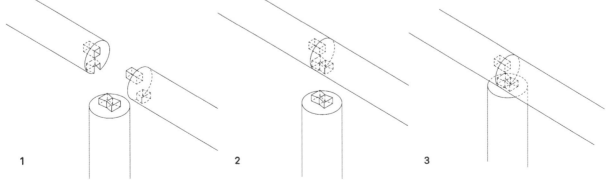

1　　　　　　**2**　　　　　　**3**

图4-85 直榫对接加燕尾榫卯口装置方式

① 白丽娟，王景福：《古建清代木构造》，2版，202页，北京，中国建材工业出版社，2014。

图4-86 燕尾榫头加"一字形"半榫

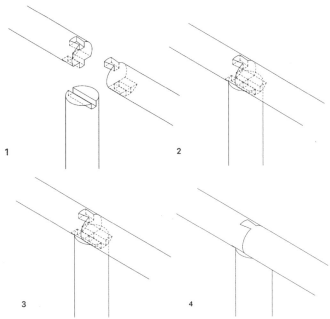

图4-87 燕尾榫头加"一字形"半榫装置方式

图4-88 桁端头仅与下部柱头扣接

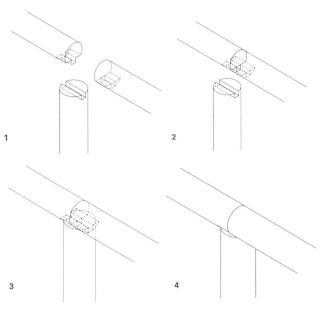

图4-89 桁端头仅与下部柱头扣接装置方式

五、出檐构件的连接

一般而言，我国古建筑中的主房或对外的门屋等，出檐构件多有木雕工艺，楼上窗户多作花格、雕饰[1]。

东阳民居中的出檐构件更是其建筑中不可忽视的一个亮点，由牛腿、琴枋、花篮拱等构件组合而成，题材广泛，内容丰富。出檐构件既具有画龙点睛的装饰意味，又具有支撑出檐的实用意义。其安装组合主要涉及柱、牛腿、琴枋、斗垫、花篮拱等构件的连接。

一般而言，牛腿的连接，会在与柱接触的一面做直榫插入柱中，在上部亦做直榫与琴枋相接（图4-90、图4-91）；或是在牛腿面柱一侧做燕尾榫，柱上部为燕尾榫的卯口，下部为矩形垂直卯口。其安装方式是将牛腿的燕尾榫口从柱上矩形卯口中插入，上推至燕尾榫卯口中（图4-92），再用小木块将下端矩形卯口填塞（图4-93）。早中期的牛腿可能在底部还有类似于梁下巴（雀替）的装置（图4-94），那种类型的牛腿往往在面柱一侧不做榫卯，而在底部做直榫与梁下巴相接（图4-95），由后者在面柱一侧做榫扣接入柱中。

琴枋直榫

面柱侧直榫

图4-90 牛腿 直接做榫扣接于柱中

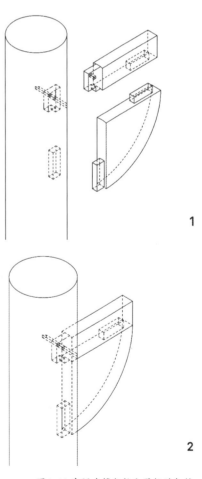

1

2

图4-91 牛腿直榫与柱和琴枋的扣接

[1] 任桂园：《天府古镇羊皮书》，271页，成都，巴蜀书社，2011。

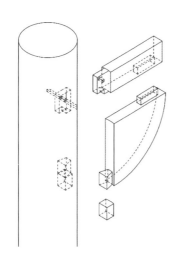

1

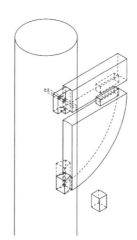

2

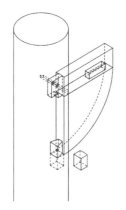

3

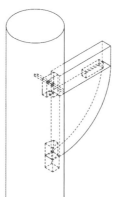

4

图4-92 牛腿燕尾榫与柱扣接

图4-93 燕尾榫下小木块的填塞

图4-94 牛腿下带雀替

面柱侧无榫卯

做榫接雀替

图4-95 牛腿面柱侧不做榫，下接梁下巴

"琴枋是檐柱上施的斜木杆（牛腿）上横加的一根挑木，所以很多地方称其为横枋、挑枋；或按其外形称为琴枋，其外方设刊头。挑梁上可以直接承托挑檐檩（或楼层挑枋），有的则先置一斗三升斗棋（即花棋）后再承托挑檐檩。当挑梁位置较低时，常在挑梁上立瓜柱"①。

琴枋连接是在底部做直榫卯口对接牛腿（图4-96），在入柱一侧通常做大进小出榫加柱中销固定（图4-97），在上部则做销眼（图4-98），以承接斗垫或坐斗。

直榫卯口

图4-96 琴枋底部直榫卯口

① 方春晖：《浙江古建筑中的牛腿》，载《才智》，2012（21），172页。

大进小出榫加柱中销

销眼

图4-97 琴枋 "大进小出榫加柱中销" 入柱　　　　　　图4-98 琴枋顶部销眼

　　至于花篮栱的连接，自琴枋往上，包括斗垫和坐斗斗底均凿眼（图4-99、图4-100），以暗销连接各个构件。花篮栱部分，多采用燕尾榫的连接方式。坐斗由中心做"十字形"卯口（图4-101），上承各层构件。如面阔向栱层构件连接的中心部位统一作燕尾榫的卯口（图4-102），则进深向栱层构件统一作燕尾榫榫头以搭接。每层栱之间通常凿眼，以暗销加强各层之间的连接强度（图4-103、图4-104）。或者用麻雀或小斗承接（图4-105、图4-106），在小斗和麻雀底部凿眼，与下层栱以销连接（图4-107、图4-108）；或直接承接于下层栱之上而不做销连接（图4-109、图4-110）。小斗或麻雀的上部承接面往往不做榫或眼连接，而直接将小斗做两斗耳，或以麻雀的两翼固定，继而承接上部栱层。

暗销

销眼

图4-99 斗垫带销　　　　　　　　　　　　　　图4-100 坐斗斗底凿眼

图4-101 坐斗"十字形"卯口

燕尾榫卯口

图4-102 栱层的连接

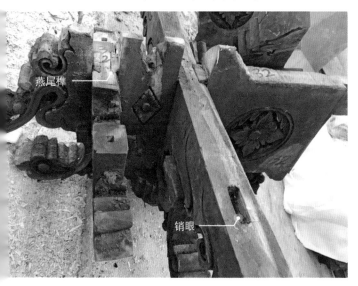

燕尾榫

销眼

图4-103 各栱层间凿眼，以暗销连接

图4-104 栱层的连接

图4-105 栱层底部去坐斗，可见燕尾榫连接

图4-106 带有两侧斗耳的散斗

暗销

销眼

图4-107 有眼麻雀

图4-108 安装有眼麻雀或小斗的栱层

图4-109 无眼麻雀（组图）

图4-110 安装无眼麻雀或小斗的栱层

六、小木作的连接

相较于大木作，小木作间的连接更为细致精巧。其中尤以门扇的格心部位为甚，通常需要根据图案设计的需要，采用不同类型的榫卯连接，进而达到或曲或方，或簇或疏的视觉效果。本节在此暂不详细展开，仅就门窗格心及轩廊天花中最常见的几种连接方式略作简述。

东阳传统民居门窗格心的连接方式，大致可分为直角连接、十字连接、丁字连接三个主要的类型。其中，直角连接主要涉及转角处的处理，其具体类型主要包括割角插皮透榫和夹皮榫[①]、抄手榫[②]等。将相接处的端头作45°割角处理，在此基础上，插皮透榫通过内部直榫方式将两端插接（图4-111），可以是单直榫，也可以是双直榫。其结合面积相对较大，牢固度较高。

夹皮榫是采用单肩榫做法，通过一侧卯口将另一侧榫口嵌夹的方式将两端连接（图4-112）。而抄手榫则是在两端分别作一个榫与一个卯，相互插接而形似于抄手的动作（图4-113、图4-114、图4-115）。

图4-111 直角连接——割角插皮透榫（组图）

① 夹皮榫是指门窗框、窗扇的立梃与冒头雌雄结合的榫。辽宁省土木建筑学会，建筑经济学术委员会：《建筑与预算知识手册·词汇篇》，163页，沈阳，辽宁科学技术出版社，1989。
② 抄手榫亦称"莲花瓣榫，属刻半墩接方式，主要适用丁.柱子的墩接做法抄手榫"的制作，首先将两根柱子的相接端头，锯成平面，画出字线，然后按字线各剔去两瓣，形成留出的两榫头和剔去的两卯口，榫头入卯口，完成墩接全过程。李剑平：《中国古建筑名词图解辞典》，50页，太原，山西科学技术出版社，2011。

图4-112 直角连接——夹皮榫

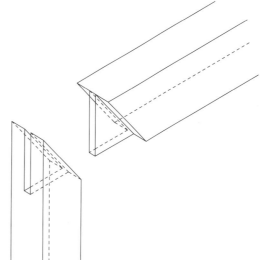

图4-113 直角连接——夹皮榫示意图

图4-114 直角连接——抄手榫

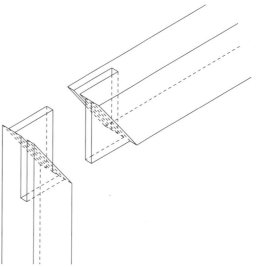

图4-115 直角连接——抄手榫结构示意图

　　十字连接主要是"十字搭交"的一种咬合做法，即把需要连接的两部分分别做向下和向上的卯口，使之垂直搭交而互相咬合（图4-116、图4-117），其具体做法上可能因线脚的不同而略有细节差异。

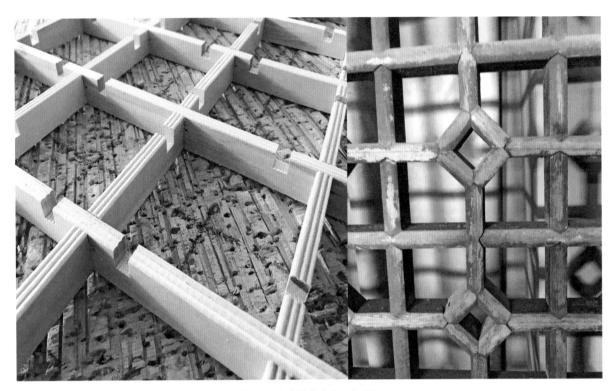

图4-116 十字搭交连接细节差异

图4-117 十字搭交连接方式

丁字连接主要采用人字形榫肩，内里做榫头，通过直榫与另一侧的卯口咬合（图4-118、图4-119）。在其具体应用上，同样因线脚的不同而有所差异，人字肩部位可有实插和虚插之分。实插者会在肩口搭交处做卯口，使肩部得以沉入（图4-120）而虚插者仅以肩部搭于其上，并不实际作榫卯交合（图4-121）。

图图4-118 丁字连接

图4-119 丁字连接方式

图4-120 实插丁字连接

图4-121 虚插丁字连接

　　除上述外，格心连接方式中还涉及一定的暗销连接（图4-122），或部分格心为整体雕刻，因而并不涉及连接形式问题（图4-123、图4-124）。

图4-122 暗销连接

图4-123 格心背面可见为整体雕刻（组图）

图4-124 格心整体雕刻（组图）

天花构件的连接，主要涉及薄板连接与板心纹饰的固定。在薄板连接上，多为暗销拼接加木条穿带加固的连接方式。即薄板本身以暗榫作相互的拼合连接（图4-125）；在此基础上，又加木条以燕尾榫的方式将薄板各部分穿插固定（图4-126）。而关于板块与板块之间的搭接，往往是在一条压木上作直榫卯口，两侧天花的薄板则做直榫榫头插入，进而保证板块的固定（图4-127）。

图4-125 板块间可见残留的暗销痕迹

图4-126 木条以燕尾榫的方式穿插固定薄板

图4-127 压木固定两侧薄板

在具体天花装饰上，无论是船篷天花还是平顶天花，由于其所依附的木板本身较薄，所以一般不作榫卯，而仅以胶粘的方式连接（或为鱼鳔胶）（图 4-128、图 4-129），再以铁钉在纹饰不显眼处作进一步钉定加固（图 4-130）。

图4-128 纹饰脱落处未见榫卯痕迹1

图4-129 纹饰松脱处未见榫卯痕迹2

图4-130 纹饰细节处可见铁钉固定（组图）

　　与平顶天花略有不同的是，船篷天花本身的纹饰连接类似于门窗格心，亦采用各类榫卯进行咬合固定。在芯板固定上，或采用榫卯连接，或采用梯形承托的方式。若为榫卯连接，则多类似于转角处的榫卯连接方式，以内部单榫的形式将周围纹饰与中央芯板相互咬合（图4-131）；若为梯形承托，则是利用船篷顶本身的曲度，将盛托芯板部位的开光作下小上大的处理，进而当芯板从顶部放入，下部的开口小于上部，芯板则不会向下掉出（图4-132）。有时为进一步确保稳固性，还会在承托芯板的开口处做出一道托槽，以更好地承接（图4-133）。

图4-131 以榫卯连接的芯板

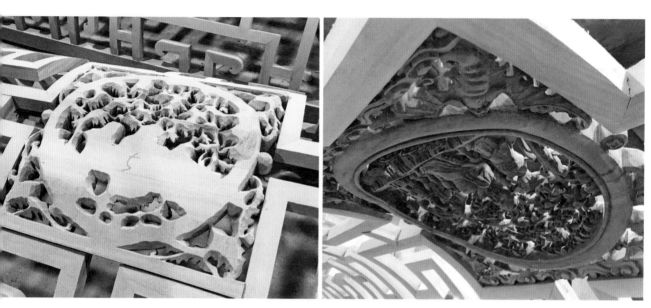

图4-132 采用梯形承托的芯板（组图）

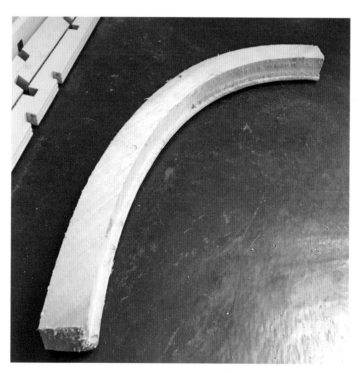

图4-133 用于加强承托力的开口托槽

第五章

清代东阳民居的
特征鉴定

东阳民居建筑文化是以"东阳帮"工匠为主力军创建的，以清水白木雕装饰为特征，集木、石、砖三雕和塑、画于一体[①]的"粉墙黛瓦马头墙，镂空牛腿浮雕廊；石库台门明塘院，陡砌砖墙冬瓜梁"建筑[②]，是南方地区自成体系而又独树一帜的传统民居建筑模式。

在本章中，我们试图从横向和纵向两条脉络梳理清代东阳民居的特征：横向上主要是与徽州建筑对比，进一步理解东阳民居的地域特殊性；纵向上则是在时间序列上整理东阳民居在清代早、中、晚期，乃至在当代建筑木雕工艺方面的沿袭与发展。

第一节 横轴地域鉴定

纵观东阳民居历史沿革，东阳民居涉及的地域不仅是今天的东阳乃至金华市，其所影响范围涵盖整个浙江中西部广大地区，继而远涉皖、赣等地[③]。然而近年来，由于所谓的"徽派建筑"[④]一词的大力宣扬乃至炒作，很多分明隶属于东阳建筑体系里的传统民居，被冠以"徽派"称谓。诚然，由于地缘相近、水系交通便利，加之人口流动等因素，两地之间必然存在相互影响，民居建筑上也不可避免地会存在很大相似性，但由于各自的地域风俗、地理因素、建材条件等方面的不同，二者仍旧存在较强的自身地域特色。

2008 年 6 月 7 日，"婺州传统民居营造技艺"和"徽派传统民居营造技艺"同时以独立项目被列入第二批国家级非物质文化遗产目录，便是对二者之间存在差异性的一个很好证明。

在本节中，我们主要试图通过对比东阳与徽州的传统民居建筑，分析二者之间主要存在的地域差异特征，主要涉及平面布局、大木构造、马头墙、雕刻工艺这四个方面。

一、平面布局

通常而言，一个地区传统民居构建的平面布局和构架形式往往在很大程度上受到所处地区的地理环境影响，东阳民居和徽州民居亦不例外。

东阳地区位处浙江中部，地形以丘陵、盆地为主，地势东高西低，有着三山夹两盆、两盆涵两江的地貌[⑤]，平原面积虽少但不至紧缺。而徽州地区则以山地居多，境内群峰参天，山丘屏列[⑥]，山地丘陵所占面积可达 90%，故可利用的建筑面积较之东阳更为紧张，这在一定程度上必然影响着徽州地区民居的建筑形制。

---

① 黄美燕著，义乌丛书编纂委员会编，金福根摄影：《义乌区域文化丛编 义乌建筑文化 下》，438页，上海，上海人民出版社，2016。

② 王仲奋：《东方住宅明珠 浙江东阳民居》，44页，天津，天津大学出版社，2008。

③ 王仲奋：《婺州民居营建技术》，前言，北京，中国建筑工业出版社，2014。

④ 或认为：徽派建筑主要是指建于明清时期徽州乡村的民宅、祠堂、社屋、牌坊、庙宇、水口、园林、桥、亭等建筑，因其在选址、设计、造型、结构、布局、装饰等方面都反映出徽州山地特征和徽州人的风水理念、审美意识、文化内涵等，从而形成风格独特的建筑体系。黄山市徽州区地方志编纂委员会：《黄山市徽州区志 上》，144页，合肥，黄山书社，2012。实际上，一个流派的形成需要长时间的积淀，更需要理论支撑。"流派的学说经验，大多自成体系，师承有序，一线贯珠，水净沙明"（张志远：《国医大师张志远医论医话》，105页，北京，中国医药科技出版社，2017）。因此，称其为"徽州建筑"更为妥当。

⑤ 陈荣军：《中国东阳龙》，6页，东阳市博物馆（内部资料），2017。

⑥ 吴克明：《品牌徽商 徽商发展报告2008》，75页，合肥，安徽人民出版社，2008。

徽州传统民居在平面布局上往往中轴对称[1]，以天井为中心围合成小型内院，建筑单体则以紧密的布局环绕这些天井。其平面布局的主要规律是：以单体的三合院或四合院为单元，单置或进行系列的串联组合，由此而形成了徽州民居平面布局中主要的两种类型四种模式[2]。

①"凹"形布局：即单组三合院。为三间一进式的独立单元体，明间为客厅，两侧厢房住人，是徽州传统民居中最简单也最经济的建筑形式（图5-1，图5-2）。

②"H"形布局：即两个三合院相背组合，正屋面阔三间，为两进，前后各置天井一个，属三合院类型（图5-3，图5-4）。

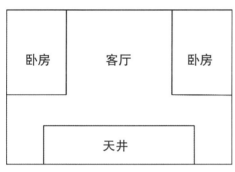

图5-1 "凹"形布局

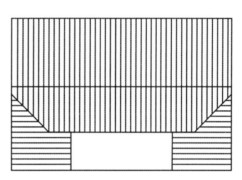

图5-2 "凹"形布局屋面

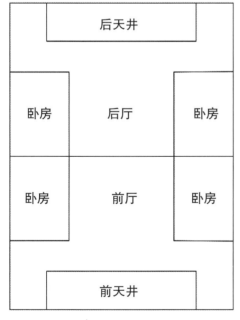

图5-3 "H"形布局

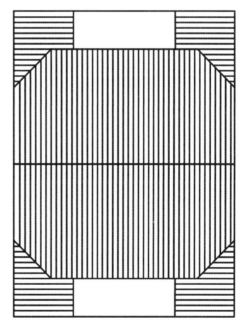

图5-4 "H"形布局屋面

① 何佳佳，周瀚醇：《徽州传统民居特点研究》，载《新乡学院学报》，2018（10），75页。
② 荣侠：《16—19世纪苏州与徽州建筑文化比较研究》，90页，苏州，苏州大学博士学位论文，2017。

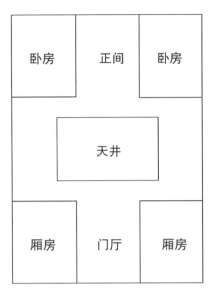

图5-5 "口"形布局

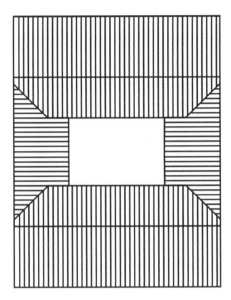

图5-6 "口"形布局屋面

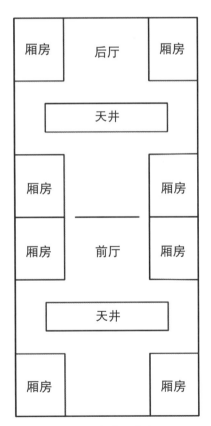

图5-7 "日"形布局

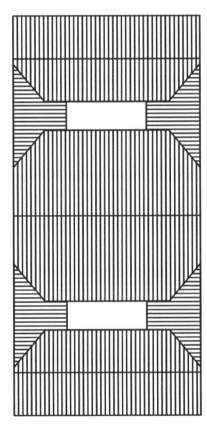

图5-8 "日"形布局屋面

③ "口"形布局：即单组四合院。以天井为界，面阔三间，前后两进（图5-5，图5-6）。

④ "日"形布局：即由两组四合院串联组成的三进三开间 "日" 字形院落，与 "H" 形不同之处在于前后两个天井均由四周建筑围合，属四合院类型（图5-7，图5-8）。

东阳民居中，最典型的平面布局形式即"13间头"，与徽州的三合院略相似。其基本组成单位亦面阔三间，只是组合形式有异于徽州民居。东阳民居中"5间头""7间头""9间头""11间头""18间头"等形式均是在"3间头"的基础上，围绕天井院落增加"3间头"或厢房组合而成（详见第二章）。此外，东阳民居中亦有两组"9间头"或"11间头"等背靠背组合而成的"H"形平面布局（图5-9），与徽州民居的布局形式相似①。

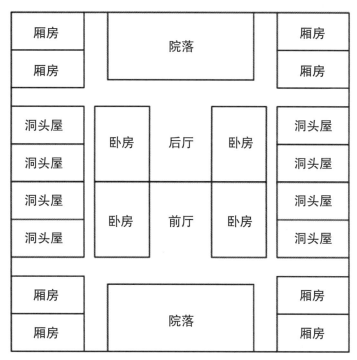

图5-9 两组"11间头"组成的"H"形平面布局

敞口厅堂②，即门面不做任何的围护。常见做法有三种：仅上房明间做敞口厅堂；上房底层三间均做敞口厅堂的，俗称"楼下厅"；上房两层的三间合成一层做敞口厅堂，在东阳民居中，常见于"二十四间头"的前一进上房③。东阳民居中，三种类型的厅堂做法均存在，而徽州民居中的敞口厅堂一般仅为第一种形式，即在三间上房的明间做敞口。明代徽州建筑以楼上宽敞为特点，而清代以后则多为一明两暗的三间屋或一明四暗的四合院等④，且面积较东阳民居更小。故而较之前者的空间，显得更为局促狭小（表5-1）。

---

① 马全宝：《江南木构技艺比较研究》，10页，北京，中国艺术研究院博士论文，2013。
② 刘致平先生认为此为中国古代建筑设计理论之组成之一：用敞口厅堂，小天井及走廊等将户内户外连成一片。刘致平，著，王其明，增补：《中国居住建筑简史 城市、住宅、园林》，120页，北京，中国建筑工业出版社，1990。
③ 洪铁城：《婺派建筑五大特征》，载《建筑》2018（11），56页。
④ 李飞，钱明：《中国徽州木雕》，20页，江苏，江苏美术出版社，2013。

表 5-1 徽州敞口厅堂与东阳敞口厅堂对比

徽州敞口厅堂	东阳敞口厅堂
 卢村志诚堂 仅上房底层明间做敞口厅堂	 东阳巍山镇民居 仅上房底层明间做敞口厅堂
 宏村承志堂 仅上房底层明间做敞口厅堂	 东阳马上桥花厅 两层合成一层的敞口厅堂
 宏村树人堂 仅上房底层明间做敞口厅堂	 东阳史家庄花厅 "楼下厅"

从整体而言，受限于地理空间因素，徽州民居的建筑布局较之东阳民居更紧凑，主要依靠天井解决采光和通风问题。其格局形式对外封闭，以天井为中心，通过廊道联结组织，建筑内部的整体性和便捷性更强。

比之徽州民居有围护、无顶盖的"天井"空间，东阳民居"十三间头"中建筑围合的空间则要大得多，可称之为院落。此处空间，既是人们乘凉取暖的公共活动空间，晾晒衣物谷物的露台，亦是消防作业的救援空间。东阳民居的单体建筑布局较宽敞，各房间是以轴线上的院落为中心布置，同样以连廊作联系，内部交通四通八达。此外，其采光通风性也要略强于徽州民居。一般来说，正房三间的采光通风性最好，东向厢房其次，再次为西向厢房，最次则为洞头屋、倒座等。

同等地域空间比较而言，徽州民居用地容积率最高，但舒适度会相对减弱，虽然天井设置能够在一定程度上解决采光和通风的问题，满足生活的基本需要。而东阳民居位于浙中丘陵盆地地区，相对适宜的地理条件使得东阳民居的建筑布局较之徽州宽松，舒适度当然更好（表5-2）。

表 5-2 徽州天井与东阳院落对比

徽州天井	东阳院落
 徽州宏村承志堂天井	 东阳马上桥树德堂院落
 徽州卢村述理堂天井	 东阳马上桥后厅院落

二、大木构造

清代徽州地区的大木构架主要是以穿斗式为主。其中，穿斗形式又可分为"全柱穿斗"[①]与"减柱穿斗"两种。"全柱穿斗"即传统的穿斗构架模式，柱柱落地，而"减柱穿斗"则是为了扩大室内可利用空间，突破穿斗密集柱网对空间的限定，减少局部落地柱数量的做法。较常见的是在明次间的进深方向，将穿枋改为承重梁，以插接的形式插于两侧落地柱之上，其上承接三架梁等（图5-10）。类似于东阳民居中的插柱式构架，又因为徽州民居坚持以柱直接承檩[②]，故主要类似于东阳民居中的"骑柱插柱式"，以童柱插接于下层承重梁上，其上直接承接檩条（图5-11、图5-12）。因此，与徽州民居相比，在大木构架方面东阳民居中的"斗栱插柱式"和上抬梁下穿斗的混合式构架是较为特殊的。

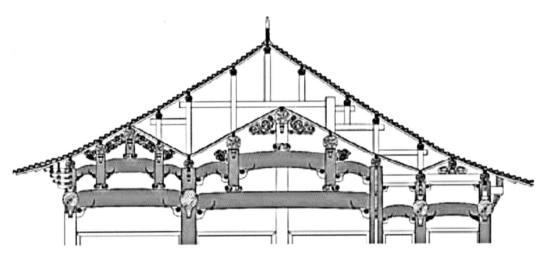

图5-10 徽州郑氏宗祠屋架图

图5-11 徽州南屏叙秩堂"减柱穿斗"

图5-12 徽州西递追慕堂"减柱穿斗"

① 也称为"完全穿斗式"。赵潇欣：《抬梁?穿斗?中国传统木构架分类辨析——中国传统木构架发展规律研究(上)》，载《华中建筑》，2018（6），125页。
② 周宏伟：《徽州传统民居木构架技艺研究》，37页，深圳，深圳大学硕士学位论文，2017。

清代徽州民居中亦存在月梁造做法，其所采用的断面形制均基本为琴面，类似于东阳饱满椭圆形断面的月梁在徽州地区不见。而东阳民居中的月梁造，在清代则经历了由琴面向饱满椭圆形横截面过渡的过程，月梁造的雕刻形式和表现力上不受梁面弯曲弧度影响。就清代两地月梁造形制而言，东阳民居所用月梁梁背的弯曲弧度要大于徽州，在线条表现感上也更强（表5-3）。

表 5-3 徽州月梁与东阳月梁对比

徽州月梁	东阳月梁
 清乾隆时期徽州西递追慕堂月梁	 清早期东阳琴面断面月梁
 清道光年间徽州卢村思济堂月梁	 清中期东阳琴面断面月梁
 清咸丰年间徽州宏村承志堂月梁	 清晚期东阳椭圆形断面月梁

此外，徽州民居月梁中还存在一种较特殊的形制，即"商"字梁，也称"元宝梁"。因梁与上部元宝墩的组合外形类似于"商"字，故名①。其上"冏"字框的整体处理似月梁，两侧梁头饰龙须纹，其内还雕饰各类典故题材。上方元宝墩则近似于"商"字上方的"立"，亦往往雕饰精美（图5-13至图5-16）。

图5-13 徽州宏村承志堂"商"字梁

图5-14 徽州宏村桃源居"商"字梁

图5-15 徽州宏村树人堂"商"字梁

图5-16 徽州卢村志诚堂"商"字梁

在出檐方式上，清代徽州民居基本不再采用斗栱做法，而仅在一些祠堂建筑中有所保留（图5-17）。民居中主要为斜撑上承挑头枋②，以支撑檐檩枋出檐做法，如宏村承志堂（图5-18）、宏村桃源居（图5-19）、卢村思济堂（图5-20）、南屏冰凌阁（图5-21）等。

① 徽州建筑的门额，外形像个大元宝，徽州人称它"元宝梁"，人在梁下，元宝梁与下面"人""口"合成"商"字，"商"在头面"口"在下，意为经商得利才能养活家口。长北：《传统艺术与文化传统》，147页，福州，福建教育出版社，2013。
② 周宏伟：《徽州传统民居木构技艺研究》，59页，深圳，深圳大学硕士学位论文，2017。

图5-17 清乾隆年间徽州西递追慕堂斗栱出檐

图5-18 清咸丰年间徽州宏村承志堂出檐

图5-19 清咸丰年间徽州宏村桃源居出檐

图5-20 徽州卢村思济堂出檐

图5-21 徽州南屏冰凌阁出檐

　　另外，也有用斜撑支撑挑头枋，挑头枋插于垂柱中，柱上承接橑檐枋出檐的做法。在卢村志诚堂中，还加以鹅颈轩进行装饰（图5-22）。整体来看，徽州民居中斜撑做法较简单，挑头枋也未必作雕刻，类似于东阳民居中牛腿（斜撑）、琴枋、坐斗、花篮栱的组合做法在徽州不见（图5-23、图5-24）。然而，"屋檐下装饰最为精彩的，最有表现力的是插梁挑头及枋柱交接，雀替等部件"[1]，故东阳民居檐下雕饰更为丰富。

---

[1] 吴陪秀：《试论中国传统建筑装饰的民俗文化特征》，载《艺术百家》，2006（5），209页。

图5-22 徽州卢村志诚堂出檐

图5-23 东阳马上桥花厅牛腿

图5-24 东阳史家庄花厅牛腿

在徽州民居檐部中，较特殊之处即为檐部的减柱做法。为扩大檐柱部位明间的面阔，往往对檐柱进行减柱或移柱处理，以获得正立面上的大尺度空间和更宽阔的视觉感受。较常见做法是移动明间檐前步柱，在明间檐前采用一根用材较大的直梁或月梁，俗称"跨门梁"，插于明间两侧的檐步柱之上，形成大尺度直梁抬二层步柱，如宏村承志堂（图5-25）、树人堂（图5-26）等。跨门梁不仅起到拉结两侧檐柱的作用，更是重要的承重件，上承各出檐构件。此外，两厢檐步做法中亦存在减柱处理法，即两厢的跨门梁直接搭在过间的月梁上，再由月梁插于两侧檐柱与金柱之上，将重量传递至柱的做法，意在降低柱网密度，扩大过间的活动面积，如宏村承志堂（图5-27）、卢村思济堂（图5-28）。

图5-25 清咸丰 宏村承志堂 明间檐部减柱　　　　　图5-26 清同治 宏村树人堂 明间檐部减柱

图5-27 清咸丰年间宏村承志堂两厢檐部减柱　　　　　图5-28 清道光年间卢村思济堂两厢檐部减柱

三、马头墙

马头墙，又称封火墙、防火墙等，位于房屋两侧，是墙头高出两山墙屋面的临界墙垣，为江南地区民居建筑的重要特色之一[①]。因其外观呈阶梯状，远观酷似昂首奔腾的马头，故名。马头墙的类型特征往往与当地建筑的屋面形式与结构特征息息相关。

徽州[②]和东阳的民居中均有马头墙的做法，大致外形也极为相似，均以白垩粉刷，以小青瓦盖顶。其顶部高出屋面，两侧呈对称阶梯状随屋面层层叠落。但若细观之，实则二者之间仍旧存在一定差异。

从外观形制上来看，徽州马头墙更倾向于"屏风墙"[③]。因其做法中，墙面长度视天井、房屋进深而定，或将最顶一层拉长，或将最底一层拉长，形似一面展开的屏风，舒展宽松（图5-29）。而在东阳民居中，一般为"五花马头墙"[④]，做成五个叠落台阶，每层长度相近，顶层长度虽会相对加长，但不会过长，整体长度往往要短于徽州马头墙。其高出屋顶的墙体似马头昂起，高昂雄壮（图5-30）。

图5-29 徽州南屏马头墙　　　　　　　　图5-30 东阳马头墙

① 防火山墙又叫防火墙、封火墙，即山墙墙头高出屋面三数尺，若一家着火不致连及邻家，因其有防火作用，故名防火山墙。此做法多见于南方，因南方房屋密集，故有此防火的需要，相沿已久而成俗。北方房屋布置疏落，互不相连，故没有设置防火山墙的必要。何本方：《中国古代生活辞典》，532页，沈阳，沈阳出版社，2003。
② 马头墙高低错落，一般为两叠、三叠甚至五叠式。较大的民居，因为前后厅堂面积较大，马头墙的叠数可到五叠，当地人俗称"五岳朝天"。江保峰：《徽州古民居艺术形态与保护发展》，46页，合肥，合肥工业大学出版社，2014。
③ 屏风墙随屋顶高低，砌成中间高、两檐低的数段屏风形式，有对称的三山屏风墙和五山屏风墙，也可采用不对称形式，使房屋外形高低错落。图为姑胥桥北侧的屏风墙。徐刚毅：《苏州旧街巷图录》，282页，扬州，广陵书社，2005。
④ 山墙采用五个台阶叠落式、高出瓦屋顶的形式，地方俗称"五花马头墙"。刘奔腾：《历史文化村镇保护模式研究》，117页，南京，东南大学出版社，2015。

造成这种差异现象的原因主要与两地所采用的平面布局形式与屋顶构造相关。

东阳民居的典型布局形式为"十三间头"模式，马头墙所在位置一般为前厅、正房两侧与两厢两侧之处（图5-31），且前厅、正房与厢房等均多采用双坡屋面。在正门位置，两侧的马头墙往往沿屋面层层叠落，直至达于围墙或门楼的高度（图5-32）；在后门位置，则同样两侧沿屋面叠落，使底层墙面略低于正房后屋面，以便后檐略微伸出（图5-33），避免墙面与屋面交会处形成闭路，阻塞雨水流通。

此外，如"7间头""18间头"等存在倒座的布局形式，则马头墙或位于倒座与上房两侧，墙面沿屋面层层叠落，直至两厢处墙面略低于屋檐，使得檐面能够伸出墙体，利于雨水排出（图5-36）。

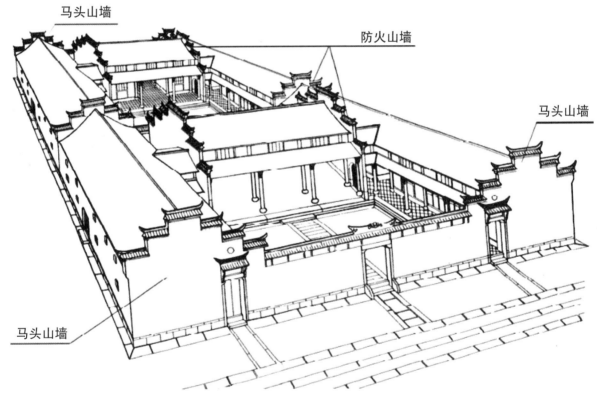

图5-31 东阳马头墙布局

图5-32 东阳马上桥花厅前门处马头墙

图5-33 东阳后门处马头墙

图5-34 马上桥花厅前厅与两厢处马头墙外墙

图5-35 马上桥花厅前厅与两厢马头墙

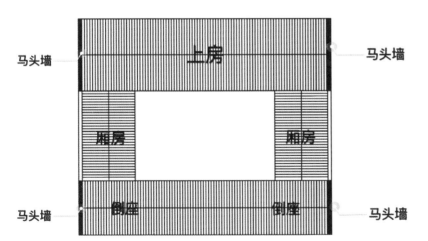

图5-36 马头墙位于倒座与上房两侧

徽州马头墙往往位于前厅、正房的两侧（图5-37），且两厢喜用单坡屋面（图5-38），屋脊直接架于前厅和正房的屋架之上。由于单坡屋面的采用，在屋面与墙体的交会处则不存在排水的问题，墙体虽亦有做叠落，但因为不必要叠落至两厢檐面以下，且最底层墙面应至少位于两厢脊檩之上（图5-39至图5-41），故往往只略作一层叠落，而不似东阳民居中做成"五花山墙"形式。故而，徽州民居中马头墙往往叠落的层次相对较少，形式则相对较为舒展。

5-37 徽州南屏马头墙（组图）

图5-38 徽州两厢单坡屋面做法与马头墙（组图）

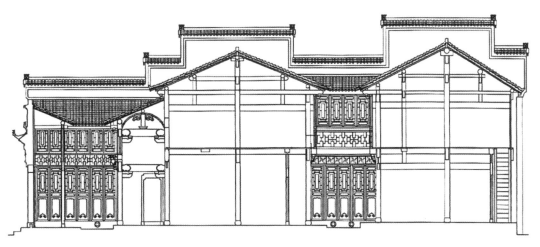

图5-39 徽州民居剖面图

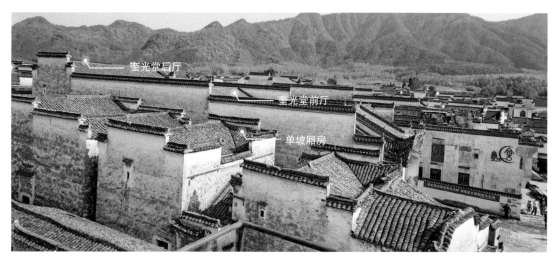

图5-40 徽州南屏马头墙与屋面1

图5-41 徽州南屏马头墙与屋面2

四、雕刻工艺

东阳与徽州两地在古代建筑雕刻工艺方面，均以三雕闻名，即砖雕、木雕和石雕[①]。其中，徽州以砖雕见长，东阳则以木雕见长。

徽州盛产质地坚细的青灰砖，以此为基础发展出尤为精美的砖雕艺术。其工艺可分为平雕、浮雕、立体雕等[②]，题材则广囊园林山水、花鸟虫鱼、戏曲典故等，具有浓郁的民间色彩。明末清初，徽州的砖雕开始由粗犷朴素向细腻繁复演变，雕刻层次逐渐加深，雕刻画面亦愈发生动立体，将这一艺术形制推向了繁盛的顶峰。因此，"从徽派砖雕的发展来看，明代到清代是一次不小的艺术嬗变"[③]。

徽州民居、祠堂等建筑中的许多构件和局部装饰，都可见精美的砖雕艺术。其中，最常见亦最重点的雕饰部位则是门罩和门楼。徽州地区有云："三分造宅，七分建门"[④]。住宅出入处作为屋主的脸面，往往在建筑装修中备受重视。门罩规模小于门楼，一般普通人家多用门罩，而大家富户则倾向于使用门楼。其类型大致可以分为字匾式、牌匾式、垂花门式、八字门式等[⑤]。字匾式往往是在门楼或门罩的中间题字，对其建筑名称或功能等进行概述；牌匾式是在挑檐下题字，由上枋、下枋、挂落、花板、字匾等组成；垂花门式是在两侧饰有垂花柱；八字门楼则是门两侧的墙面似八字展开。其中，门楼门罩中的通景额枋往往是砖雕装饰最精美之处，运用圆雕、浮雕、镂空雕等手法，雕刻各类花样纹饰、典故情节等。在雀替、门簪上可见各式瑞兽；在梁枋、花板内可见花鸟人物，整体雕刻繁复而精美。

由明至清，徽州砖雕艺术经历了从古拙质朴，向繁复华美的转变，雕刻的层次逐渐增加，砖坯上最多使用九层透雕[⑥]，其精美程度令人叹服。清末民初为徽州砖雕发展的鼎盛时期，成品画面极其细腻精微，前景、中景与远景的关系处理恰当，雕刻深度较大，透视感极强。"门罩迷藻悦，照壁变雕墙"[⑦]正是徽州砖雕应用最真实的写照。

比之徽州的砖雕艺术，东阳民居中的砖雕装饰则相对较少。同样以门楼、门罩为例（见表5-4），东阳地区的台门分大台门和小台门两种。大台门即院落大门，通常位于建筑中轴线的院墙中央；小台门也称旁门、水门，位于山墙檐廊部位[⑧]。除少数大小台门是砖砌以外，其余均为石库门，上方再饰匾额或砖雕等。对比而言，东阳门楼、门罩上的砖雕装饰往往相对朴素典雅，不及徽州繁复；雕刻层次较浅，檐部起翘的弧度和出檐的距离均不及徽州；且在东阳民居台门装饰中，砖雕应用频率上往往也不及前者。

较之砖雕，东阳民居体系中更瞩目的是其木雕艺术。东阳为"木雕之乡""百工之乡"，在全国四大木雕中，唯东阳木雕以清水饰面应用于建筑装饰，质朴而清雅。

东阳的建筑木雕，主要是"清水白木雕"，即雕刻之后只上清油，而不作任何染色上漆的处理[⑨]，保持原木本身的天然纹理和清雅色泽。东阳木雕源于汉，早在唐代就开始应用于建筑装修，至明清已然

① 冯剑辉：《走近徽州文化》，159页，合肥，安徽师范大学出版社，2016。
② 《美术大观》编辑部：《中国美术教育学术论丛 建筑与环境艺术卷 2》，435页，沈阳，辽宁美术出版社，2016。
③ 黄来生：《徽派三雕添诗韵》，66页，合肥，安徽大学出版社，2007。
④ 王东玉、张清：《广西古砦仫佬族乡滩头围村古民居公共建筑空间特征》，载《华中建筑》，2016（5），157页。
⑤ 吴云杰、申晓辉：《明清徽州建筑门楼形制的类型学研究》，载《福建建筑》，2013（4），13页。
⑥ 曹舒婷：《谈古徽州门楼砖雕文化》，载《文教资料》，2016（36），111页。
⑦ 吴仕忠、胡廷夺：《徽州砖雕》，1页，哈尔滨，黑龙江美术出版社，1999。
⑧ 王仲奋：《东方住宅明珠 浙江东阳民居》，229页，天津，天津大学出版社，2008。
⑨ 张伟孝：《明清时期东阳木雕装饰艺术研究》，54页，上海，上海交通大学出版社，2017。

表 5-4　徽州门楼门罩与东阳门楼门罩砖雕对比

徽州门楼、门罩	东阳门楼、门罩
 徽州卢村垂花门式门罩	 东阳马上桥花厅门罩
 徽州卢村垂花门式门罩	 东阳牌匾式门罩
 徽州南屏牌匾式门罩	 东阳史家庄花厅门罩

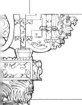

off

清代东阳民居
木构技艺研究
清代东阳民居的特征鉴定

徽州门楼、门罩	东阳门楼、门罩
 徽州宏村字匾式门罩	 东阳史家庄民居门罩
 徽州卢村门楼	 东阳砖雕门楼
 徽州西递门楼	 东阳砖雕门楼

续表

徽州门楼、门罩	东阳门楼、门罩
徽州南屏八字门楼	东阳马上桥花厅八字门楼
卢村砖雕	东阳马上桥花厅砖雕

广泛应用于建筑之中，并形成了自己独特的风格和一套完整的装饰手法①。由明至清，东阳民居中的木雕形式逐渐由简至繁，由粗到细，直至嘉庆、道光年间进入了最精细巧妙的鼎盛时期。"康乾盛世"时安定的社会、稳定的政治和繁荣的经济均为这一时期木雕艺术的登顶奠定了基础。

东阳木雕作品，几乎遍布整座建筑，梁、枋、雀替、花篮栱、桁条、牛腿、门窗等，凡能雕刻处皆不放过，故其建筑往往雕饰满布。雕刻的手法包括薄浮雕、深浮雕、镂空雕、半圆雕、阴雕、彩木镶嵌雕等，这其中又以薄浮雕见长。"薄浮雕是一种以线为主、以面为辅、线面结合来表达物象形体结构的雕刻技法。画面雕刻突出一个'薄'字，雕刻深度一般掌握在10毫米以内，画面虽薄，但通过严谨的线条刻画，同样呈现立体感"②。

① 王仲奋：《东方建筑明珠 浙江东阳民居》，178页，天津，天津大学出版社，2008。
② 张伟孝：《明清时期东阳木雕装饰艺术研究》，175页，上海，上海交通大学出版社，2017。

东阳木雕师傅们认为，只有功夫略浅的工匠才会不停地在雕刻的深度上下工夫，真正雕工纯熟的匠人应是能做到在分毫之间可见大千。东阳的薄浮雕工艺多用于锁腰板和堂板之上，其雕刻深度在 5 毫米以下，更有在 2 毫米以内者。雕刻深度虽浅，但雕饰内容却从梅兰竹菊、飞禽走兽、山水图画，到博古珍玩、历史故事等题材几乎无所不包，雕刻效果亦不因此而略减半分。浅浅数毫米内，却近可见亭台楼阁、远可见锦绣河山，其远近层次得当、刀法精深纯熟、画面立体生动，非技艺高超者莫能为之。所谓"于细微处见精神"便当是如此。见表 5-5。

表 5-5 徽州薄 / 浅浮雕与东阳薄浮雕对比

徽州薄 / 浅浮雕	东阳薄浮雕
 卢村私塾扇楣薄浮雕	 东阳扇楣薄浮雕
宏村承志堂扇楣薄 / 浅浮雕	东阳马上桥花厅扇楣薄浮雕

徽州民居中所采用的木雕工艺应是与东阳一脉相承的。南宋以后，"东阳帮"开始走南闯北。因为"东阳帮"是由亦工亦农的乡民组成的，一般都是在农闲时外出做工，本地人称之为"出门佬"，外府人则称之为"东阳佬"。明清时期他们主要活跃于北起湖州，南达处州（今天的丽水），东自新昌、嵊州，西至婺源、徽州等地①。故在东阳，有"东阳东阳，泥水木匠"②"没有钞票勿用愁，泥板斧头往外流"③等谚语的流传。而在明中叶以后，徽商迅速崛起，衣锦还乡者往往大兴土木，需要大量工匠为其修建宗祠住宅，这也给东阳工匠在徽州的发展带来了机遇。直至今日，在徽州境内仍留有不少由东阳工匠留下的建筑佳作，如徽州黟县宏村"振绮堂"等④。

徽州民居中的木雕，主要产生及流行于元末明初至清末民初之间⑤。其采用的主要木雕形式与东阳一致，均为"清水白木雕"，保持原木本色而不施鬃漆。清代徽州建筑木雕，较之前朝更为精细繁复，甚而出现了涂金饰彩的做法，雕刻手法也逐渐从浅浮雕发展为八九层的高深浮雕。与东阳木雕不同的是，徽州木雕中最典型也最纯熟的雕刻手法应属圆雕（图5-42），即立体造型雕刻，多见于牛腿部位，最常见的题材即为狮子。而清代东阳民居中牛腿部位的雕刻手法则主要应用半圆雕（图5-43），为圆雕与浮雕技法的结合。以木雕狮子为例，徽州的圆雕狮子在形象上往往头大屁股大，雕工简洁；而东阳的半圆雕狮子则往往构图饱满，稳健大方。

图5-42 清代 徽州圆雕木雕狮

图5-43 清代 东阳半圆雕木雕狮

① 王仲奋：《东阳传统民居的研究和展望》，载《中国名城》，2009（6），297页。
② 黄美燕著，义乌丛书编纂委员会编，金福根摄影，义乌区域文化丛编：《义乌建筑文化 上》，335页，上海，上海人民出版社，2016。
③ 王庸华，主编，东阳市地方志编委会，编纂：《东阳市志》，172页，北京，汉语大词典出版社，1993。
④ 王仲奋：《探索皖南(徽州)古村落建筑的"身世"源流》，载《古建园林技术》，2007（2），49页。
⑤ 邢与航：《徽派古建筑中梁柱装饰艺术的研究及应用》，石家庄，河北科技大学硕士学位论文，2018，31页。

相较而言，在东阳民居中木雕的使用频率比徽州民居更高，精细程度也更高，题材亦更为丰富[①]。在装饰部位上，徽州民居虽亦在梁架、门窗、隔断等部位做雕饰，但却不如东阳民居雕刻繁复满密。比如徽州的民居一般不会在梁底、桁底、轩廊等部位做雕刻，琴枋或不做雕饰，或仅在刊头部位做一定雕饰，两侧则不做雕饰；有雕饰者也往往较简洁明练，雕刻层次和深度不及东阳琴枋。故而从总体来看，徽州民居中的木雕装饰往往更显素雅质朴，而未及东阳木雕大气雍华。见表5-6。

表5-6 徽州木雕与东阳木雕对比

	徽州木雕	东阳木雕
整体风格	徽州宏村承志堂	东阳史家庄花厅

　　① 王仲奋：《探索皖南(徽州)古村落建筑的"身世"源流》，载《古建园林技术》，2007（2），48页。

徽州木雕	东阳木雕
"徽州木雕第一楼"卢村志诚	东阳马上桥花厅

整体风格

续表

徽州木雕	东阳木雕
卢村述理堂漆金雀替、牛腿、琴枋	依仁堂清水白木雕
宏村承志堂漆金涂彩"商"字梁	厚仁村民居清水白木雕
宏村承志堂无雕饰琴枋	东阳卢宅琴枋

是否漆金涂彩

琴枋雕饰

徽州木雕	东阳木雕
 南屏怀德堂刊头有雕饰琴枋	 东阳马上桥花厅琴枋
 卢村思济堂有雕饰琴枋	 东阳马上桥树德堂琴枋
 徽州呈坎和睦里五号民居有雕饰琴枋	 东阳巍山镇民居琴枋

琴枋雕饰

第二节 纵轴时代鉴定

东阳被誉称"木雕之乡",其木雕艺术是东阳民居中一个不容忽视的亮点。溯东阳木雕之源,自唐兴起,经宋元而渐臻纯熟,至清代嘉庆、道光年间达于鼎盛,后至清末民初,逐渐商品化。而东阳木雕的代代发展,往往是随着大众审美、工艺技巧的更新而逐渐变化的,其继承、发展、延续过程中,蕴含着每个时代独有的艺术特征。因此,在判定东阳民居的时代时,木雕艺术就成为尤为关键的依据。

在本节中,我们以清代东阳建筑木雕为主要研究对象,总结东阳三贤楼古建公司吴永旦先生、庄雪成师傅等丰富的实践经验,选取典型木雕案例进行比较分析,进而梳理清代早、中、晚期,乃至当代东阳木雕的时代特征。

一、清早期东阳木雕

清初的东阳木雕在风格特征上与明代仍有颇多相似之处。对比二者,我们能从中看到一个延续与发展的过程。明代的东阳木雕往往雕刻简练大气,风格古朴典雅,壶嘴式撑栱[1](图5-44)和披麻灰柱子[2]是这一时代尤为流行的做法。在雕刻工艺上,明代雕刻往往做工简单、线条流畅[3],即使是简单的两条龙须梁眉,也是苍劲有力、简洁明快。此时期的撑栱雕刻虽纹饰简单,但却造型饱满,一气贯通。

图5-44 明代撑栱简洁有力

---

① 所谓壶嘴式撑栱,即将撑栱的形制做成类似壶嘴的样式。
② 所谓披麻灰柱子,"麻"指麻布,"灰"指灰泥,即指用麻布缠裹木柱,抹上一层灰泥再上漆的做法,目的在于减小湿度对于木柱的影响。
③ 朱裕平:《彩图本实用收藏辞典》,152页,上海,上海画报出版社,2002。

到了清初，建筑雕饰仍如明代时简洁，出檐方式仍旧采用明代的壶嘴型斜撑，线条流畅而饱满。但比之前朝，花纹已开始逐渐增多（图5-45）。"清代乾、嘉时代，东阳木雕更走上繁盛的高峰。"[1]

清朝初期雕刻的题材并不算复杂，多以花草、动物为主，人物题材少见。其中花草类题材，以菊花、牡丹、向日葵为多；动物类题材，以狮子、老虎、马、鹿等为多。此时在花草雕刻上，锁壳纹，即"S形""回字纹"等的曲线图案较少，且基本以组合成"寿"字等含有寓意的形象出现。花草类雕刻中基本以"草龙工"（图5-46、图5-47）、缠藤牡丹和"如意花"为主，其中"草龙工"尤盛，即在花草的雕刻造型上往往亦草亦龙，将龙的造型与花草相结合，创造出独特的造型艺术。这种"草龙工"的雕刻造型，在清早期和清中期都较常见。自古"龙"为天子象征，东阳木雕艺人虽不敢将帝王宫殿中有关龙的装饰搬到民居中，但亦希求真龙保佑，故而创造出各式各样的变形草龙，以求祥瑞。"如意花"则主要是形似如意云纹，线条委婉环曲，流畅而不乏力度。这一时期人物形象较少见，一般题材多为八仙、渔樵耕读等。

除上述特征外，三层梁下巴（即雀替）也是清代早期乃至中期的一大特征，即在梁底的位置由梁下巴和麻雀共同组成三层雀替（图5-48）。这样的形制在清嘉庆朝后期开始慢慢发生变化，不断简化，层数慢慢减少变为一层。

图5-45 清初撑栱纹饰增多

---

① 陈少丰：《中国雕塑史》，643页，广州，岭南美术出版社，1993。

图5-46 清初草龙工

图5-47 清初草龙工

清初的雕刻技法，尤以层次颇深、立体感强、线条流畅取胜，往往能与后世形成较强对比。其雕饰简洁而明快，线条有力而流畅（图5-49），颇具明代遗风。

图5-48 清初三层梁下巴

图5-49 清早期梁下巴 线条流畅

二、清中期东阳木雕

清中期东阳木雕的风格与清早期极为接近。其最主要的区别在于，清早期的木雕风格中遗存明代影子，但清中期的木雕中虽有早期特征，但却不再见明代风格。此种特征反映在不少构件造型特征上。举例如下。

撑栱①：经过"东阳帮"师傅们的不断改进，逐渐由早期的"壶嘴形"开始向"牛腿股形"演变，即成为真正意义上的"牛腿"（图5-50）。其上雕刻也开始越来越繁复，而雕刻的题材则主要以狮子为主。

"花篮栱"：从早期到中期，"花篮栱"层数开始逐渐变多，雕花部位也开始增多，纹饰变得愈加繁复。

"冬瓜梁"：中期风格差异不大，梁须的处理也差不多，基本为鱼鳃形的线条形式（图5-51）；但是，梁肚②部位开始有繁密雕工（图5-52）。

对雕刻题材而言，变化亦多。举例如下。

人物：在清中期以后，雕刻的人物形象逐渐开始多起来，其类型往往以天官、菩萨、神仙等为主。在造型上，清中期雕刻的人物往往大腹便便，人物脸型饱满，富态毕现，整体形象立体感极强（图5-53）。

图5-50 清中期的牛腿

图5-51 清中期梁须与早期相似

图5-52 清中期梁肚雕花雕工渐繁

① 楼庆西：《雕梁画栋》，120页，北京，生活·读书·新知 三联书店，2004。
② 梁肚即梁的中段部位。

图5-53 清中期雕刻人物大腹便便

花草：从题材上来看，早期"草龙工"到此时期仍在沿用，直至道光时期。道光后，草龙逐渐减少。在中期到晚期的过渡阶段偶可见结合两个时期特征的雕饰，如早中期典型的"草龙工"与晚期多见的"S"形锁壳纹结合的牛腿式样（图5-54）。而清中期，除草龙纹外，花草类雕刻题材还包括缠藤牡丹（图5-55）、连枝纹（图5-56）、兰花（图5-57）等。

对雕刻技法而言，清中期民居建筑雕饰虽然依旧饱满富丽，但在线条感的表现上已然弱于早期。加之逐渐受到乾隆时在玉器上讲究精工的"乾隆工"①影响，东阳木雕逐渐以雕花繁密取胜。正因如此，乾隆时期建筑木雕上的雕花最为繁密漂亮。以"满工"取胜的特征，使得此时期的木雕一改早期以形态饱满、线条流畅为主要特征的风格，开始追求雕饰的繁密度和雕花的精细度（图5-58）。

图5-54 清中期"草龙纹"与晚期"S"形锁壳纹的结合

---

① 乾隆工具有"精、细、密、满"的特征，镂雕层次繁缛，有强烈的立体感，剔地阳纹平齐划一，图案在同一平面，地子平整，浅浮雕层次分明，高浮雕跌宕起伏。朱裕平：《中国工艺古董教程》，341页，上海，上海科学技术出版社，2017。

图5-55 清中期缠藤牡丹

图5-56 清中期连枝纹

图5-57 清中期兰花

图5-58 清中期雕刻的狮子开始追求"满工"

　　此时期的雕刻深度仍旧和早期相似，亦以深雕为主，画面立体而突出。以清中期的贴花梁[①]为例，此时期的贴花梁立体感极强（如图 5-59），层层掩映，造型突出，与晚期的造型风格（如图 5-60）形成较鲜明的对比。

　　总体而言，清代早、中期雕刻从风格来看，二者尤为相近，均采用深雕，造型饱满、线条流畅。只是相比较而言，早期立体感会略强，线条也较之中期更为流畅。

---

① 贴花梁即位于梁底部的木雕装饰。

图5-59 清中期贴花梁立体感强

图5-60 清晚期贴花梁立体感偏弱

三、清晚期东阳木雕

　　清代中期到晚期在木雕艺术上的表现差异较大。嘉庆、道光两朝为中期与晚期的时段交界点，故道光朝虽属于清晚期，其特征仍与清中期接近，风格变化不大。但到了咸丰、同治、光绪、宣统时期，木雕艺术上的特征与早中期相比就发生了较大的变化。

　　就造型特征而言，从清晚期到民国时期，牛腿中的锁壳造型，即S形纹与回字纹开始愈加增多（图5-61）；花篮栱上的栱层开始越来越多，雕花也渐繁密（图5-62、图5-63）；梁肚雕花愈加普遍与繁复（图5-64）；在梁眉的表现上，开始出现似龙须的纹饰，梁须线条的弯曲较之清早中期更具动感，只是线条的力度表现上不及早中期（图5-65、图5-66）。

图5-61 清晚期"S"形牛腿

图5-62 清中期花篮栱层数偏少

图5-63 清晚期花篮栱层数增多

图5-64 清晚期梁肚雕工愈加繁复

图5-65 清中期梁眉简洁有力

图5-66 清晚期梁眉动感细致

在雕刻题材上，清晚期以后，博古类（图5-67）、花果类题材开始出现并逐渐增多，锁壳纹开始愈发盛行。早中期的锁壳纹多具有寓意性质，如拼合成"寿"字、蝙蝠等，晚期兴盛的锁壳纹则不再拘束于寓意的表达，更多时候是随性的曲线装饰（图5-68）。贴花梁装饰题材中，开始出现龙凤，一般以凤为主（图5-69），龙形象较少。民国以后，龙的形象也开始逐渐增多。东阳民居中，清早期雕刻题材中一般不会出现龙凤造型，更多只是一种变形的式样，如草龙纹等。而早期的草龙纹到清晚期则不再流行，取而代之的是如意云纹（当地称洋花），只是在雕刻技法上不及早期有力深刻（图5-70）。戏曲性人物题材开始逐渐流行（图5-71），尤其到民国以后，这类题材愈加盛行。但晚期雕刻人物的形象特征与早中期差别较大，人物身材比例开始拉长，头部和躯体比例由明末清初的1∶4，清代中期的1∶5，逐渐延伸到清末民初的1∶7[1]。人物腹部不再像早中期般鼓起，衣服飘带纹样开始愈发写实，不似早期饱满（图5-72至图5-75）。

在雕刻技法上，清晚期开始采用三角刀，而非以往的雕刀[2]，故而在平面线条形象上略有不同。雕刀线条横截面为"∟"，而三角刀雕出的线条横截面则为"V"（表5-7）。此时的东阳木雕与清早期风格截然不同，早期线条讲究力道，就像书法需有笔锋，线条要流畅，使得整个构件看起来形象饱满。而晚期则不在线条的表现力上做过多讲究，只讲求形，追求整体繁复美观，虽个中纹饰的处理上较为简略，但整体上看起来雕花丰富而繁密（表5-8）。清早期的雕刻追求深雕，追求构件的饱满圆润，立体感尤强。而到了晚期，则不在追求立体饱满，更侧重于对花样的追求，颇喜纹饰繁复密集，故而在雕刻深度上远不及早中期，往往雕刻较浅，立体感相对薄弱（表5-9）。以狮子为例，清中期的狮子往往雕刻

图5-67 清晚期博古雀替（组图）

① 徐华铛：《中国木雕牛腿》，28页，北京，北京工艺美术出版社，中国林业出版社，2017。
② 福州木雕的雕刀呈扁斜形，大小不一，一般大的有2厘米左右，小的也有1.5厘米，一般匠人会备几把，以随时换顶。郭发柽：《福州木雕艺术》，49页，福州，海潮摄影艺术出版社，2004。

尤深，整体造型立体而突出；清晚期的狮子则雕刻力度较浅，虽纹样繁密，但立体感较弱于中期（图5-76、图5-77）。

图5-68 清晚期锁壳纹雀替

图5-69 清晚期双凤贴花梁

图5-70 清晚期如意云纹雀替

图5-71 清晚期戏剧题材琴枋——关羽大战黄忠

图5-72 清早期人物雀替简洁抽象

图5-73 清晚期人物雀替细致写实

图5-74 清中期牛腿人物头身比1：5左右

图5-75 清晚期牛腿人物头身比1：7左右

表 5-7 三角刀与雕刀对比

三角刀	雕刀
三角刀	雕刀1

续表

三角刀的使用 　　　　　　　　　　　雕刀2

三角刀线条横断面 　　　　　　　　　　雕刀开眼

表 5-8 清早中晚期雕刻线条对比

	雕刀线条
清早期	 寿字纹局部简洁有力

清中期	
	缠藤牡丹线条渐繁
清晚期	
	三角刀牡丹线条乏力

	三角刀蝴蝶线条繁密

民国	 三角刀蝙蝠 "讲形" 不 "讲线"

表 5-9 清早中晚期雀替雕刻风格对比

	雀替雕刻
清早期	人物雀替追求深雕饱满圆润
清中期	四不像雀替层次仍深，线条渐繁

清晚期	人物雀替雕刻较浅，纹饰繁密 花草纹雀替追求花样，立体感偏弱

图5-76 清中期狮子造型深刻立体

图5-77 清晚期狮子线条立体感略弱

从晚清至民国，建筑木雕雕刻力度愈发减弱，深度变浅，造型立体感变差，线条的流畅性上也不及早中期（图5-78至图5-80）。清末民初，随着海上画派的发展，东阳木雕师傅一改以往古雅淳朴的"雕花体"[①]，开始兴起以精致秀丽著称的"画工体"[②]（图5-81至图5-83），主要取材于任伯年、吴友如、钱吉生的画谱，在雕刻造型的准确性上要强于前者，同时吸取了中国画的笔意因素，甚至刀锋刻画也模仿毛笔触感，开始与清代早中期传统雕刻图案化的风格产生极大差别。

图5-78 清中期木雕鱼立体感强

图5-79 清晚期木雕鱼线条流畅度减弱

图5-80 民国木雕鱼立体感减弱

---

① 东阳木雕的传统风格主要有"雕花体""古老体"，以后又产生了戏文化的"微体""京体"、画谱化的"画工体"。杜云生，王军利：《中国民间美术》，85页，石家庄，河北人民出版社，2013。
② 清末民初，先辈艺人曾对"画工体"的雕法进行探索（如杜云松巍山鼎丰的锁腰板）并取得一定成效，但总因落入临摹中国画的死胡同而未能取得大的突破。金柏松：《东阳木雕　东阳市工艺精品馆馆藏作品》，149页，杭州，中国美术学院出版社，2008。

图5-81 "画工体"木雕模仿中国画笔锋

图5-82 "画工体"木雕造型准确

图5-83 "画工体"木雕中诗书画印相结合

四、当代东阳木雕

晚清以来直至 20 世纪 80 年代，战争动乱及时代变革的浪潮给东阳木雕产业带来了巨大的冲击。战争让工匠们流离失所，难以凭手艺维持生计，变革带来的新风尚使得水泥高楼林立，木构民居建筑渐渐退出时代舞台，传统木雕不再用于装饰现代建筑。几十年来的波折使得东阳当地大量技艺纯熟的老工匠的手艺没能得到传承，年轻一代又往往转行并进入城市谋生，东阳木雕工艺传承出现了极大的缺失。

当代东阳木雕重新兴起是从木雕家具、陈设装饰品开始的，而后逐渐发展至仿古建筑木雕。然而由于传承断代，现今的东阳建筑木雕更多还处于摹古阶段，工匠致力于从遗存的明清木雕作品中不断品味和学习。但即便如此，今天的东阳木雕与明清相比，还是少了几分文化底蕴。

传统木雕工艺的传承往往是师傅带徒弟，其在雕刻学习历程中学到的不仅仅是单纯的雕工技法，更包括对各类典故题材背后历史文化的系统、深入的学习。因此，在明清传统木雕中，工匠往往能够很好地表现出人物的神情动态，意趣盎然。在东阳传统木雕装饰中，一座民居中某部位的雕刻装饰，往往属于同一题材，从而能够在建筑中形成一个文化整体，如马上桥花厅的牛腿题材均出自《西厢记》（图 5-84 至图 5-86），琴枋题材均出自《三国演义》（图 5-87、图 5-88）。

图5-84 东阳马上桥花厅 西厢记题材牛腿　　　　　　图5-85 东阳马上桥花厅 西厢记题材牛腿

图5-86 东阳马上桥花厅 西厢记题材牛腿

图5-87 马上桥花厅 三国演义题材琴枋

图5-88 马上桥花厅 三国演义题材琴枋

在如今的建筑木雕装饰领域，除了负责设计题材的匠师外，其他人员如实施具体雕刻的雕工往往对其所雕内容知之甚少，其雕刻更多的是一个依葫芦画瓢的过程。由于背景知识缺失，无法理解更深层次的内涵，致使雕工在雕刻时往往不能很准确地把握人物的心理活动、体貌特征及动作状态，故其更多是在雕刻细节上下工夫，往往将细节部位处理得尤为精致（图5-89、图5-90）。这也是东阳当代木雕与明清传统木雕的区别之一，即当代木雕注重细节精雕，而传统木雕则更注重形态动态的表达（图5-91、图5-92）。庄雪成师傅以叶片的雕刻举例，传统木雕处理中往往注重表达叶片的翻飞，叶面的卷折，而当代木雕则更注重叶面脉络，叶边纹理的刻画，由此而形成了雕刻处理风格上的差异。此外，当代东阳木雕虽亦有历史典故、戏剧人物等含有背景寓意的题材，但很多时候不似明清时期成系统地整体表达，而往往是以零散单独的形式出现，更多时候则是花草动物等寓意较简单的题材，这大概同样也是背景文化知识的缺失所导致的结果。

20世纪90年代始，电锯、电磨等机械工具逐渐进入木雕工艺领域。20世纪初，电脑精雕技术也开始逐渐在东阳木雕界兴起。对比传统手工工具，电动工具以及自动化雕刻技术大大提高了雕刻的效率，使得东阳木雕产值大幅度提升。然而，精雕机①却在一定程度遭到了传统木雕从艺者的抵触，他们认为其对东阳木雕的纯手工特质造成了冲击。

图5-89 东阳三贤楼雕工描画雕刻

图5-90 东阳三贤楼古建公司建筑当代木雕作品

---

① 精雕机适于金属等材质，在雕刻印版时刻出的效果却远不及人工雕刻……刻粗的东西，还得需要手工加工。刻细的，机器根本刻不了，机器一开线条就刻没了。木质越软，雕得越差。王雯雯，刘童：《北京荣宝斋木版水印技艺研究》，188页，北京，文化艺术出版社，2016。

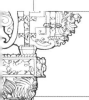

图5-91 清晚期木雕人物注重动感　　　　　　　　　　图5-92 当代东阳三贤楼木雕人物注重细节

今天的东阳木雕工艺主要有纯手工、半手工与机雕工三种类型。纯手工即从造型到细部雕刻完全采用手工的雕刻方式（图5-93），也就是最为传统的雕刻工艺。

图5-93 东阳三贤楼古建公司纯手工木雕现场

半手工形式，即借助电动工具做好整体造型，再由手工一刀一刀精细雕琢的方式。当然，也存在最后细部雕刻的环节亦采用电动工具的做法。这种形式的雕刻亦需要人为控制器械进行具体操作，先是用链条锯切割出大致造型；而后用电磨进一步做出雕刻的形象特征（图5-94），如人物大概姿势、动物大致动态等；最后再交由雕花师傅进一步加工雕刻具体的造型特征。由于电动工具提高了雕琢速度，故电动工具取型时往往要求比传统手工雕琢更为小心，也需要更高的精准度和更熟练的技巧。

图5-94 东阳木雕工具——电磨

　　机雕工则为借助电脑建模，由全自动机械代替手工雕琢的做法。然而，由于电脑建模与机械雕工的限制，机雕工往往造型上较死板，与手工雕存在一定差别。机械雕刻为"Z"形雕刻（图5-95），其雕刻的方向往往不遵循木头本身的纹理，故而会在雕刻后留下许多毛糙的翘边，即便在打磨后仍旧会在细部留下一定痕迹，因此更适用于深度较浅的雕刻。而手工雕刻由于雕刻方向不一，往往遵循木质纹理，故不会出现此类毛边，形态清晰而平整。受电脑建模的限制，机雕工在造型与细节的处理上往往较差，加之机雕过后由于需要大量打磨去掉毛糙的边痕，更使得其雕刻图案的细节较模糊，作品缺乏手工雕琢所带来的精致刀锋的感觉，造型亦不如手工雕生动立体。程序的设定也使得机雕的线条往往更死板统一，不似手工雕线条自由流畅（表5-10）。

　　此外，为掩盖粗糙痕迹，部分机雕制品在机器雕琢后仍会采用手工雕琢进行二次加工，但由于使用机雕本身就是为提高效率，故此类手工加工并不会过于细致，且在手工修饰后，相当于又在原先基础上削薄了一层，木雕造型效果亦会受到一定影响。

图5-95 东阳三贤楼古建公司当代机雕现场

表 5-10 机雕与手工雕的对比

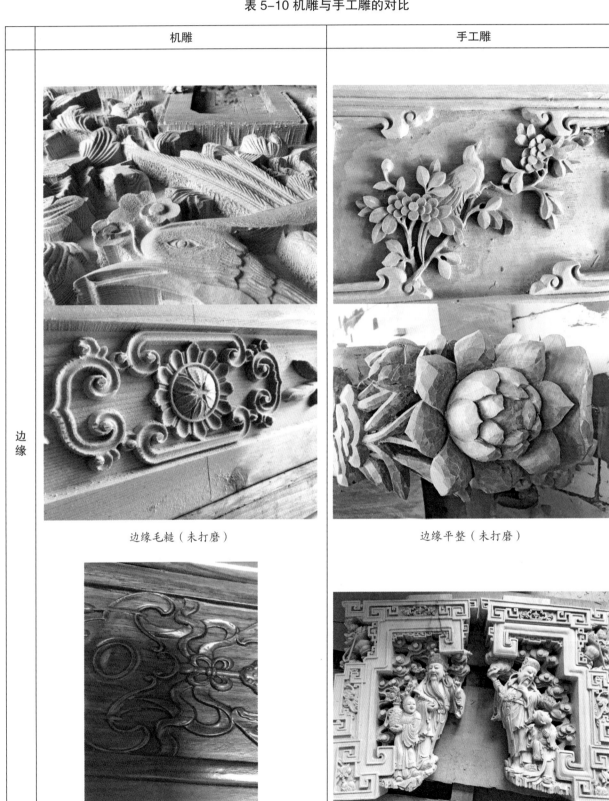

机雕	手工雕
边缘毛糙（未打磨）	边缘平整（未打磨）
打磨后线条模糊	打磨后线条依旧清晰

边缘

续表

线条	线条死板	线条自由
造型	形象统一死板	形象自然流畅
细部雕刻	眼部造型、线条死板	眼部自然生动、线条流畅

总体来看，当代东阳木雕对明清时的传统建筑木雕技术仍处在一个探索传承的阶段，其木雕水平的精进更需要文化背景的加持。而现代工具的介入，一方面使得东阳木雕的产值逐年上涨，另一方面也对坚持传统木雕的从艺者造成了冲击。虽机械化生产与手工雕刻不应是对立的命题，对待不同的产品、不同的客户需求也可以有所区别，但东阳木雕作为国家级非物质文化遗产，更应是一种艺术、文化乃至于精神的象征。机械化生产可以成为木雕产业的辅助手段，但绝不能凌驾于手工雕刻之上。手工雕刻的艺术作品中蕴含着的是雕刻者艺术、文化的烙印，是岁月长河中沉淀下来的韵味，这是同质化严重的流水线产品所无法企及的（图5-96）。

图5-96 东阳三贤楼古建公司 手工雕作品打磨过程

结语

一、主要结论

本著以清代东阳民居传统大木构造为主要研究对象，兼及部分小木作内容。从大木构造、榫卯应用和特征鉴定三个方面入手，采用文献搜集、实地调查和咨询采访的形式，分析形制、记录经验、总结规律并梳理特征，力图还原清代东阳民居的真实面貌，填补相关领域的部分缺漏。主要成果如下：

①本书梳理了清代东阳传统民居主要应用的大木构造形制。

从平面布局、构架形式、细部特征三方面入手，总结了清代东阳民居中最常见的构造形式及最典型的大木构件。

"13间头"的布局形式是东阳民居中最典型的模式。其中"3间头"为其最小单元，一般单体建筑布局均以此为基础，按规律衍生增加。

大木构架形式以抬梁式中的插梁式为最普遍类型，压柱式构造次之。纯穿斗形制极少，一般多采用穿斗与抬梁的混合式构造形式，且多用于山榀位置。

大木构件的细部特征中尤以月梁造、虾背梁以及出檐构造最为特殊。东阳民居中月梁的形制采用极广，承重梁、骑门梁、枋等均有采用月梁造做法。虾背梁往往因其外形不同而在当地又可被称为"象鼻架"等，其功能主要在于加强柱头之间的拉结力，增强屋顶部分的稳定性。

清代东阳民居中的出檐形制则经历了从斜撑到"牛腿"形制的转变，造型愈发复杂多样，逐渐演变为以牛腿、琴枋、坐斗、花篮栱为主的出檐构件组合。其具体应用形制又往往因个人喜好、匠师水平等因素而略有差异。

②本书初步归纳了清代东阳民居的小木装饰做法。

分别以门与窗、天花、栏杆等三大类小木作为对象，我们对清代东阳民居的小木作做法进行了初步的概括。

东阳民居中的门窗，其形制相对简洁，但通过门与窗、格心与夹堂板、透雕与浮雕的不同组合，亦展现出别样的韵律，变化多端，主次分明。

东阳民居中的天花装饰主要出现在廊轩部位，为装修重点之一，其形式大致可分为三种：船篷天花、平顶天花、混合天花。而从明间到次间，天花装饰或会在题材主次或体量大小上呈递减的趋势。

东阳民居中采用栏杆的部位不多，因之并不常见。所用者多出现于房屋二层，起到一定防护作用。其形制一般较简洁，主要包括寻杖栏杆与花式栏杆两种类型。

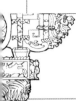

③本书总结了清代东阳民居各构件联结所采用的主要榫卯形制。

清代东阳传统民居各构件的连接，主要依靠的是榫卯与销子的组合应用。其中，"三销一牵"为东阳地区主要应用的明销类型，包括"羊角销""柱中销""雨伞销"和"墙牵"。调研中，我们留意到在实际应用中，"羊角销"和"柱中销"在形制上已不做区别，二者区别仅在于所用位置的不同。而"雨伞销"则为东阳民居中较特殊的形制，一般用于枋与枋之间的拉结。"墙牵"则主要是用于加强墙体与木构架之间的稳定性。

在榫卯应用方面，根据其功能和使用位置的不同，将其划分为垂直构件的连接、垂直构件与水平构件的连接、水平构件的连接、出檐构件的连接以及小木作的连接五大类，通过分类梳理，进一步推进了对清代东阳民居具体构造方式的理解。

垂直构件主要是有关柱子的连接。清代东阳民居中的柱子一般不再做管脚榫，管脚榫做法主要出现在骑柱与梁的咬合上，基本采用直榫；柱头部位与斗垫、坐斗的连接一般采用单榫，若涉及枋的连接则或采用双榫或大进小出榫的形制。

垂直构件与水平构件连接，主要涉及柱子与梁、枋、桁之间的连接。在柱头部位，主要有在柱头做榫头和做卯口两种做法。其中，在柱头做卯口的类型又包括"一"字卯口、"十"字卯口和燕尾卯口。柱头榫头做法基本是将燕尾榫头两两相对，以拉结上部梁桁。此外，亦有使用适应桁面弧度的凹槽直接承桁的做法；在柱身部位，则基本为直榫，包括单榫、双榫、大进小出榫三种，且三种榫卯类型往往又与柱中销、雨伞销结合使用，其具体应用方式主要视所需拉结构件的尺寸、功能等因素而定。

水平构件连接主要为梁、枋、桁之间的连接，其中包括水平向构件的垂直连接和水平连接。垂直连接主要为枋、花板类构件的结合，主要采用暗销形制；水平连接则主要为梁、桁、楼栅等构件的对接和搭交。水平对接指梁、桁类构件的拉接延长，或采用直榫或燕尾榫两两对接，或在底部做卯口与柱头相接。水平搭交则主要指枋、楼栅等构件的咬合，以采用燕尾榫形制为主。

出檐构件的结合主要指牛腿、琴枋、坐斗、花篮栱等支撑出檐的组合构件之间的连接。其中，牛腿主要采用直榫或燕尾榫的形式与柱连接。此外，还有牛腿下出直榫接雀替，再以雀替与柱结合的做法。牛腿上部采用直榫与琴枋插接；琴枋则在下部做直榫卯口与牛腿相接，在侧方多以大进小出榫加柱中销与柱连接，在上部做眼以暗销与斗垫、坐斗相接；坐斗上承接花篮栱，垂直相交的栱以燕尾榫相交，各层栱之间以暗销加强连接。

小木作的连接以门窗格心及轩廊天花为例，大致阐述了最常见的几种连接方式。其中，门窗格心的连接方式大致可以分为直角连接、十字连接和丁字连接三个主要的类型；天花的构件连接，主要涉及薄板的连接与板心纹饰的固定。前者多为暗销拼接加木条穿带加固的连接方式，后者则多以胶粘黏合及铁钉加固的方式连接。船篷天花的芯板或采用榫卯连接，或采用梯形承托的方式。

④本书对徽州民居与东阳民居的构造特征进行了比较分析。

由于地缘相近，江南各地民居建筑之间往往存在彼此的交流影响，徽州民居和东阳民居之间亦是如此。本著即从平面布局、大木构造、马头墙、雕刻工艺四方面对比分析二者之间的差异性，以求更好地推动人们对于东阳民居地域性特征的理解。

在平面布局上，由于地理环境特征的不同，以山地丘陵为主的徽州地区往往用地紧张，故而其建筑往往相对紧凑，依靠小天井改善房屋建筑的采光和通风，其四种主要构造模式与东阳"13 间头"的系列模式亦存在差异。相较而言，东阳民居的建筑布局更为宽敞舒适。

在大木构造上，两者均有采用插梁式的构造以及抬梁与穿斗的混合构造，具有一定相似性。清代徽州民居中的月梁断面多为矩形或琴面，而东阳月梁形制较之徽州更为饱满立体，经历了由琴面逐渐向椭圆形断面过渡的过程。此外，徽州还存在一种较特殊的"商"字梁，为东阳民居中所不见。

在出檐方式上，虽二者均采用斜撑牛腿形制，但东阳民居中通常为牛腿、琴枋、坐斗、花篮栱的组合构件支撑出檐；而徽州民居中则相对简单得多，往往以牛腿上承琴枋，并直接以琴枋承枋。其运用频率相对较低，且不及东阳繁复华美。

在马头墙的设置上，两地民居虽均有马头墙存在，粗观相似，但细观之会发现其形制特征上存在不同。二者外形形制上的差别主要受两地民居平面布局以及两厢屋面的构造影响，东阳民居主要采用的"13 间头"模式，两厢多用双坡屋面，在设置马头墙时需要考虑墙面与屋面之间的排水问题。前厅与正房两侧马头墙主要沿屋面层层叠落；两厢两侧，即前后门位置的马头墙则在正门位置与正房后屋檐位置层层叠落，直至屋檐以下，以便屋檐伸出排水。若为"7 间头""11 间头"等带倒座的平面形式，两厢屋面架于倒座与正房屋面之上，则马头墙位于倒座与正房两侧，在两厢外侧屋檐位置层层叠落，以便屋檐伸出排水，故其地多五花马头墙。而徽州民居由于两厢多用单坡屋面，无须考虑排水问题，层层叠落做法非必须，且两厢位置的墙面最低不能低于两厢脊檩，故其地多屏风墙。

在雕刻工艺上，两地均有出色的砖雕、木雕、石雕工艺。但相较而言，徽州长于砖雕，而东阳长于木雕。徽州砖雕多见于门楼门罩部位，繁复而华丽。而东阳虽亦有砖雕工艺，但往往较朴素，雕刻层次亦不及徽州；东阳建筑木雕装饰往往雍容华贵，雕饰满布，并以薄浮雕见长。而徽州建筑木雕装饰部位则相对较少，且风格更素雅简单，往往多于门、扇、栏杆处做饰。其牛腿工艺喜用圆雕，有别于东阳的半圆雕工艺。至清代，徽州建筑木雕开始出现漆金涂彩的做法，亦与东阳纯粹的"清水白木雕"风格有异。

⑤本书对清代东阳民居中的木雕乃至当代东阳木雕做了时序上的比较分析。

东阳木雕兴起自唐，至清嘉庆、道光年间发展至顶峰。我们主要从造型特征、题材内容和雕刻技法三方面，梳理分析了东阳民居木雕在清代早中晚期各段的时代特色，并略述当代东阳建筑木雕的发展现况，相对较详尽地阐释了东阳木雕自清以来的发展与传承。

造型特征上，清早期牛腿造型仍沿袭明代的"壶嘴形"斜撑形制，梁底雀替往往为三层的形制；清中期以后开始逐渐向"牛腿股形"演变，斗栱层数增加，雕刻部位增多，纹饰也开始变得繁复；清晚期时，

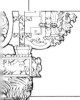
牛腿中的锁壳造型变得常见，梁须的纹饰开始愈发飘逸环曲似龙须。

雕刻题材上，清早期题材多以花草、动物为主，人物的题材少见。其中，花草又以草龙工、云头纹为盛；清中期以后，人物形象开始多起来，其形象往往大腹便便颇具福态。花草纹饰中，草龙纹逐渐减少，云头纹愈发兴盛；清晚期，博古类、花果类题材开始出现并增多，无寓意性质的锁壳纹愈发流行，龙凤的形象也开始逐渐出现，戏曲性题材兴起。人物身材比例开始拉长，腹部不再似早中期般鼓起，整体形象愈发写实。

雕刻工艺上，清早期东阳木雕，虽雕饰简洁，却有较大雕刻深度，立体感较强，颇具明代遗风；清中期雕刻虽依旧饱满，但在线条表现感上已不及早期流畅深刻，开始逐渐以繁密取胜，追求密度和精细度；晚清以后，在雕刻线条表现力上往往不再多做讲究，不追求立体饱满，而只求整体的形，追求繁复美观，细节部位的处理相对简略，雕刻较浅。加之三角刀的使用，往往在平面线条上更为纤细，缺乏早期的力度感。直至清末民初，"画工体"兴起又使得东阳木雕开始着意于模仿毛笔笔触，不再重视传统"雕花体"中的深刻感，故而与早中期风格有较大区别。

当代东阳木雕则在经历一个重新振兴的阶段，电动工具与机雕技术的引进大大提升了雕刻效率。但较之清代，当代东阳木雕文化仍相对缺少更深一层次的文化内涵，人们对木雕题材内容、人物神态、心理情感的把握尚有不足。现代化技术的应用虽一定程度提高了雕刻精细度与雕刻速度，但却也在很大程度上冲击了传统的手工雕刻艺术。木雕水平的精进应不只是技术上的更新换代，更需要强大文化背景的修炼与支撑。其对于传统手工艺术不应显示出鸠占鹊巢的趋势，而应是作为传统技艺的一种辅助手段。

二、反思与展望

东阳传统民居是一个较为纷繁的建筑体系，其影响范围颇广。限于当前条件，本著的研究仅以清代东阳民居中最主要应用的木构形制、小木作做法、榫接方式、雕刻工艺等作为切入口，实地调查并总结当地工匠与学者的经验，尝试性地对其形制、构造、风格等特征进行梳理和归纳。然而由于语言表现力所限，很多特征风格的感知往往颇为感性，难以表达；一些当地的称谓可能不便转译，或转译文字存在一定差别。时间有限，很多更为细节的问题来不及深究，包括制作工艺、影响因素等。

此外，就东阳民居自身而言，其风格特征的形成往往不是一蹴而就突然形成的，而是自然条件、历史人文、经济文化、审美旨趣等因素共同作用的结果。由于地缘相近，江南各地的传统民居之间往往存在一个相互影响的关系。其技术和文化的交流颇为频繁，故东阳民居必然与其周边的各类民居间存在彼此的学习和借鉴。因此，为加强对东阳民居建筑系统的理解，还需要更进一步投入更多时间精力，深究其地域性特征与工艺流程，将其放在一个更大的区域范围内进行比较研究，并结合多领域的综合知识，深化对东阳营造技艺的理解，从而提高对东阳传统民居、传统建筑文化的鉴赏水平。

附录 1：明清东阳民居示例

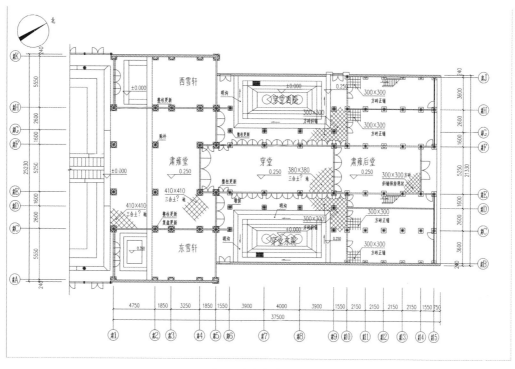

明天顺肃雍堂总平面图

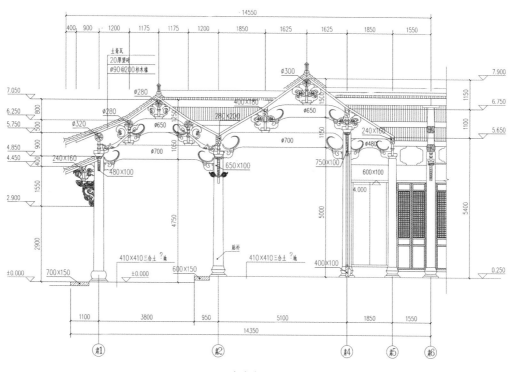

明天顺肃雍堂明间剖面图

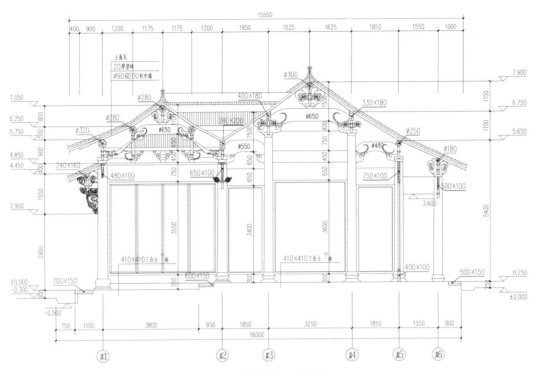

明天顺肃雍堂次间剖面图

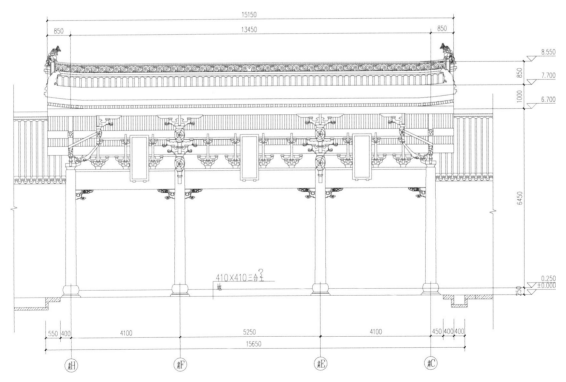

明天顺肃雍堂前厅纵剖面

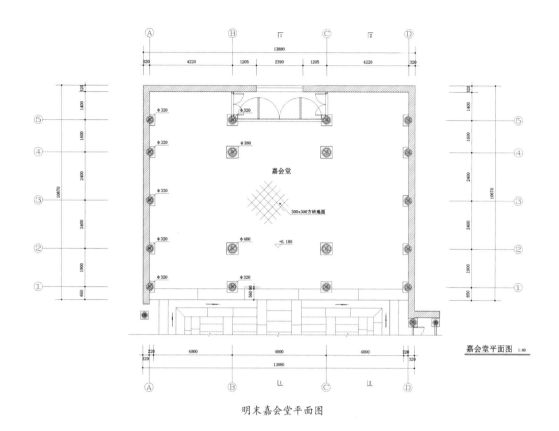

明末嘉会堂平面图

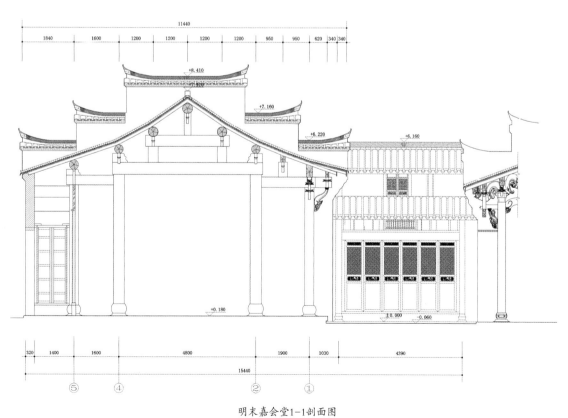

明末嘉会堂1—1剖面图

清代东阳民居
木构技艺研究

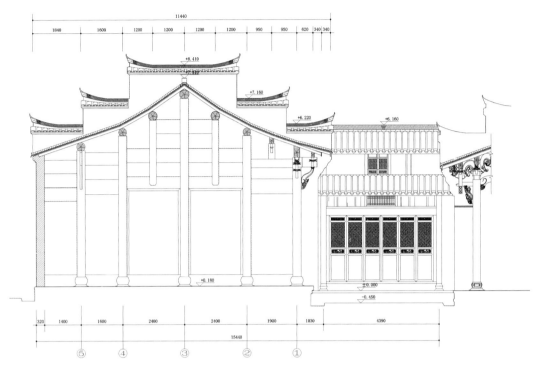

明末嘉会堂2-2剖面图

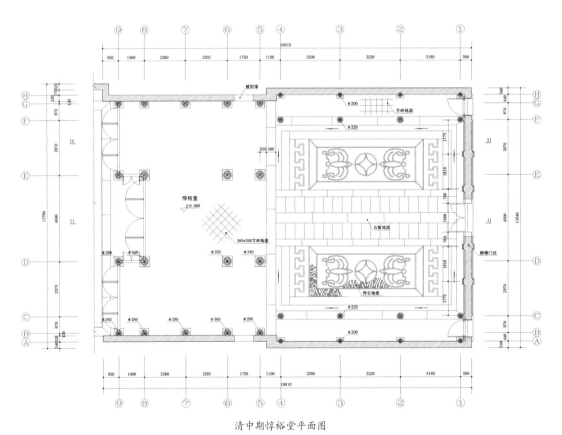

清中期惇裕堂平面图

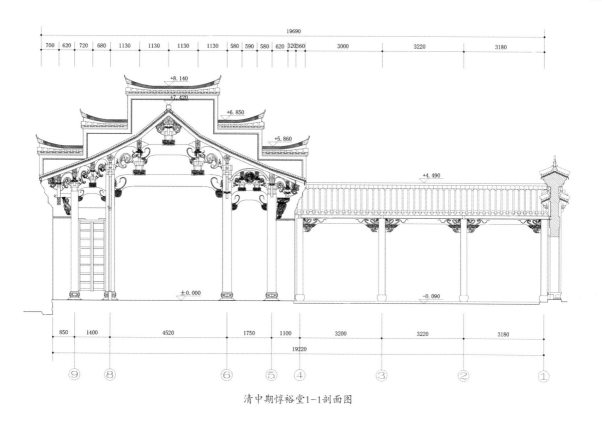

清中期惇裕堂1-1剖面图

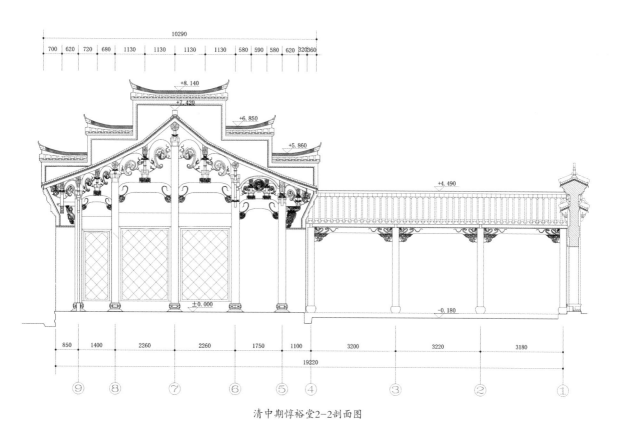

清中期惇裕堂2-2剖面图

清代东阳民居
木构技艺研究

附录

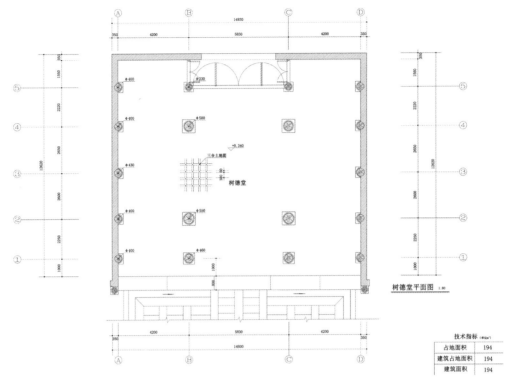

清咸丰树德堂平面图

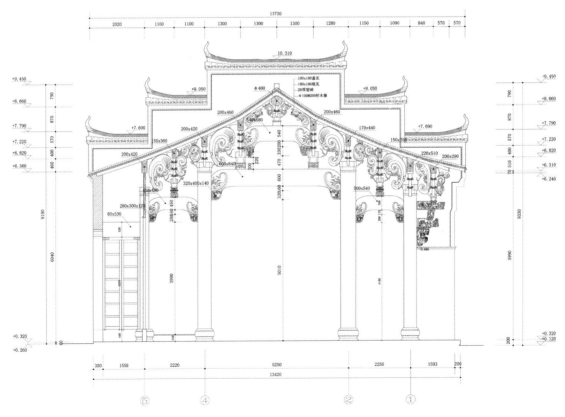

清咸丰树德堂明间剖面图

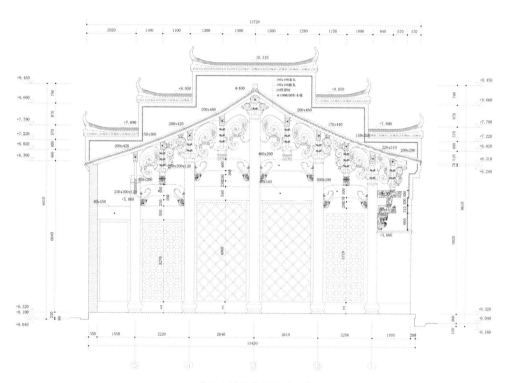

清咸丰树德堂次间剖面图

附录 2：图表及插图目录

图 2-21 清工部《工程做法则例》中的五架梁做法，图片来源：梁思成：《清式营造则例》第 33 页

图 2-22 明中期东阳卢宅嘉会堂——压柱式构造，图片来源：自摄

图 2-23 明中期大慈岩镇上吴方村，图片来源：东阳三贤楼楼望峰工程师

图 2-24 明中期东阳卢宅嘉会堂构造，图片来源：东阳三贤楼楼望峰工程师

图 2-25 清中期衢州民居建筑——混合式构架，图片来源：东阳三贤楼楼望峰工程师

图 2-26 清初兰溪依仁堂山棉——混合式构架，图片来源：自摄

图 2-27 清初东阳博鳌堂山棉——混合式构架，图片来源：东阳三贤楼楼望峰工程师

图 2-28 东阳树德堂山棉——混合式构架，图片来源：东阳三贤楼楼望峰工程师

图 2-29 清晚期丽水单坡披屋，图片来源：东阳三贤楼楼望峰工程师

图 2-30 清中晚期衢州双坡披屋，图片来源：东阳三贤楼楼望峰工程师

图 2-31 东阳白坦镇民居双坡披屋外部，图片来源：自摄

图 2-32 东阳白坦镇民居双坡披屋内部，图片来源：自摄

图 2-33 东阳白坦镇民居披屋位置示意图，图片来源：东阳三贤楼楼望峰工程师

图 2-34 东阳白坦镇民居披屋剖面图，图片来源：东阳三贤楼楼望峰工程师

图 2-35 卢宅肃雍堂——上下收分梭柱，图片来源：自摄

图 2-36 清中期临安两进厅——方形骑柱，图片来源：自摄

图 2-37 清中期绍兴民居——鲫鱼嘴骑柱，图片来源：自摄

图 2-38 清初兰溪厚仁村民居——平嘴骑柱，图片来源：自摄

图 2-39 清晚期昌化民居——骑柱做榫墩接，图片来源：自摄

图 2-40 清晚期东阳巍山镇鼎丰堂——垂莲柱，图片来源：东阳三贤楼楼望峰工程师

图 2-41 清晚期东阳巍山镇鼎丰堂——垂莲柱沉降、脱榫现象，图片来源：自摄

图 2-42 清晚期东阳巍山镇鼎丰堂——垂莲柱处脱榫、漏水现象，图片来源：自摄

图 2-43 清中期兰溪"9 间头"——小木作垂莲柱，图片来源：自摄

图 2-44 清晚期昌化民居——小木作垂莲柱，图片来源：自摄

图 2-45 清咸丰 卢宅善庆堂"琴面"月梁，图片来源：自摄

图 2-46 清道光 卢宅树德堂前厅"琴面"月梁，图片来源：自摄

图 2-47 《营造法式》造月梁之制，图片来源：《梁思成全集（第七卷）》第 396 页

图 2-48 琴面月梁断面示意图，图片来源：东阳三贤楼楼望峰工程师

图 2-49 椭圆形月梁断面（右）与琴面月梁断面（左）对比示意图，图片来源：东阳三贤楼楼望峰工程师

第三章 清代东阳民居的小木装饰

第四章 清代东阳民居的榫卯应用

第五章 清代东阳民居的特征鉴定

清代东阳民居
木构技艺研究

附录

图 5-88 马上桥花厅 三国演义题材琴枋，图片来源：自摄

图 5-89 东阳三贤楼雕工描画雕刻，图片来源：自摄

图 5-90 东阳三贤楼古建公司建筑当代木雕作品，图片来源：自摄

图 5-91 清晚期木雕人物注重动感，图片来源：自摄

图 5-92 当代东阳三贤楼木雕人物注重细节，图片来源：自摄

图 5-93 东阳三贤楼古建公司纯手工木雕现场，图片来源：自摄

图 5-94 东阳木雕工具——电磨，图片来源：自摄

图 5-95 东阳三贤楼古建公司当代机雕现场，图片来源：自摄

表 5-10 机雕与手工雕的对比，图片来源：自制

图 5-96 东阳三贤楼古建公司 手工雕作品打磨过程，图片来源：自摄

参考文献

1. 著作

[1] 脱脱，等 . 二十五史（全本）宋史 1[M]. 乌鲁木齐：新疆青少年出版社，1999.

[2] 张廷玉，等 . 明史 舆服志 4[M]. 长春：吉林人民出版社，2005.

[3] 姚承祖 . 营造法原（第二版）[M]. 北京：中国建筑工业出版社，1986.

[4] 梁思成 . 清式营造则例 [M]. 北京：清华大学出版社，1934.

[5] 刘敦桢 . 中国住宅概说前言 [M]. 北京：建筑工程出版社，1957.

[6] 编辑部 . 中国建筑史论文选辑 第 1 辑 [M]. 台北：明文书局，1984.

[7] 辽宁省土木建筑学会、建筑经济学术委员会 . 建筑与预算知识手册 词汇篇 [M]. 沈阳：辽宁科学技术出版社，1989.

[8] 刘致平，王其明 . 中国居住建筑简史 城市、住宅、园林 [M]. 北京：中国建筑工业出版社，1990.

[9] 北京市文物研究所，吕松云，刘诗中 . 中国古代建筑辞典 [M]. 北京：中国书店，1992.

[10] 王庸华，东阳市地方志编委会 . 东阳市志 [M]. 北京：汉语大词典出版社，1993.

[11] 陈少丰 . 中国雕塑史 [M]. 广州：岭南美术出版社，1993.

[12] 王效青 . 中国古建筑术语辞典 [M]. 太原：山西人民出版社，1996.

[13] 郭佐唐 . 东阳文史资料选辑 第 13 辑 文物专辑 [M]. 南京：江苏人民出版社，1997.

[14] 齐康 . 中国土木建筑百科辞典 建筑 [M]. 北京：中国建筑工业出版社，1999.

[15] 吴仕忠，胡廷夺 . 徽州砖雕 [M]. 哈尔滨：黑龙江美术出版社，1999.

[16] 洪铁城 . 东阳明清住宅 [M]. 上海：同济大学出版社，2000.

[17] 白丽娟，王景福 . 清代官式建筑构造 [M]. 北京：北京工业大学出版社，2000 年 .

[18] 梁思成 . 梁思成全集（第七卷）[M]. 北京：中国建筑工业出版社，2001.

[19] 陆元鼎，潘安 . 中国传统民居营造与技术 2001 海峡两岸传统民居营造与技术学术研讨会论文集 [M]. 广州：华南理工大学出版社，2002.

[20] 朱裕平 . 彩图本实用收藏辞典 [M]. 上海：上海画报出版社，2002.

[21] 何本方 . 中国古代生活辞典 [M]. 沈阳：沈阳出版社，2003.

[22] 浙江省建筑业志编纂委员会 . 浙江省建筑业志 下 [M]. 北京：方志出版社，2004.

[23] 楼庆西 . 雕梁画栋 [M]. 北京：生活·读书·新知三联书店，2004.

[24] 郭发柽 . 福州木雕艺术 [M]. 福州：海潮摄影艺术出版社，2004.

[25] 徐刚毅 . 苏州旧街巷图录 [M]. 扬州：广陵书社，2005.

[26] 北京土木建筑学会 . 中国古建筑修缮与施工技术 [M]. 北京：中国计划出版社，2006.

[27] 周学鹰，马晓 . 中国江南水乡建筑文化 [M]. 武汉：湖北教育出版社，2006.

[28] 黄来生 . 徽派三雕添诗韵 [M]. 合肥：安徽大学出版社，2007.

[29] 王仲奋 . 东方住宅明珠 浙江东阳民居 [M]. 天津：天津大学出版社，2008.

[30] 蒋必森 . 东阳人在北京 [M]. 北京：新华出版社，2008.

[31] 李慧 . 图解木工实用操作技能 [M]. 长沙：湖南大学出版社，2008.

[32] 吴克明 . 品牌徽商 徽商发展报告 2008[M]. 合肥：安徽人民出版社，2008.

[33] 金柏松 . 东阳木雕 东阳市工艺精品馆馆藏作品 [M]. 杭州：中国美术学院出版社，2008.

[34] 本书编委会 . 工长一本通系列 木工工长一本通 [M]. 北京：中国建材工业出版社，2009.

[35] 孔祥有 . 世界浙江商会大全 [M]. 杭州：西泠印社出版社，2010.

[36] 黄汉民 . 中国传统建筑装饰艺术丛书·门窗艺术 [M]. 北京：中国建筑工业出版社，2010.

[37] 田银生，唐晔，李颖怡 . 传统村落的形式和意义 湖南汝城和广东肇庆地区的考察 [M]. 广州：华南理工大学出版社，2011.

[38] 任桂园 . 天府古镇羊皮书 [M]. 成都：巴蜀书社，2011.

[39] 李剑平 . 中国古建筑名词图解辞典 [M]. 太原：山西科学技术出版社，2011.

[40] 金晶 . 图说中国 100 处著名建筑 [M]. 长春：时代文艺出版社，2012.

[41] 浙江省文物局 . 浙江省第三次全国文物普查新发现丛书 宗祠 [M]. 杭州：浙江古籍出版社，2012.

[42] 赖院生，陈远吉 . 建筑木工实用技术 [M]. 长沙：湖南科学技术出版社，2012.

[43] 本书编写组 . 木工工长上岗指南 不可不知的 500 个关键细节 [M]. 北京：中国建材工业出版社，2012.

[44] 李永鑫 . 绍兴通史 第 1 卷 [M]. 杭州：浙江人民出版社，2012.

[45] 黄山市徽州区地方志编纂委员会 . 黄山市徽州区志 上 [M]. 合肥：黄山书社，2012.

[46] 李明，钱飞 . 中国徽州木雕 [M]. 江苏：江苏美术出版社，2013.

[47] 黄续，黄斌 . 婺州民居传统营造技艺 [M]. 合肥：安徽科学技术出版社，2013.

[48] 长北 . 传统艺术与文化传统 [M]. 福州：福建教育出版社，2013.

[49] 杜云生，王军利 . 中国民间美术 [M]. 石家庄：河北人民出版社，2013.

[50] 侯洪德，侯肖琪 . 图解营造法原做法 [M]. 北京：中国建筑工业出版社，2014.

[51] 王仲奋 . 婺州民居营建技术 [M]. 北京：中国建筑工业出版社，2014.

[52] 郭因主 . 安徽文化通览简编 [M]. 合肥：安徽人民出版社，2014.

[53] 吴新雷，楼震旦 . 东阳卢宅营造技艺 [M]. 杭州：浙江摄影出版社，2014.

[54] 林友桂 . 浦江郑义门营造技艺 [M]. 杭州：浙江摄影出版社，2014.

[55] 木庚锡 . 丽江古建筑及装饰图集 [M]. 北京：光明日报出版社，2014.

[56] 白丽娟，王景福 . 古建清代木构造 第 2 版 [M]. 北京：中国建材工业出版社，2014.

[57] 陆伟东 . 村镇木结构建筑抗震技术手册 [M]. 南京：东南大学出版社，2014.

[58] 江保峰 . 徽州古民居艺术形态与保护发展 [M]. 合肥：合肥工业大学出版社，2014.

[59] 肖峰 . 当代运动与艺术潮流 雕塑与雕刻卷 [M]. 长春：吉林出版集团有限责任公司，2015：168-169.

[60] 孙亚峰 . 中国传统民居门饰艺术 [M]. 沈阳：辽宁美术出版社，2015.

[61] 雷冬霞 . 中国古典建筑图释 [M]. 上海：同济大学出版社，2015.

[62] 湖镇镇志编纂委员会 . 湖镇镇志 [M]. 北京：方志出版社，2015.

[63] 李梅 . 精工细作 北京地区明清家具研究与鉴赏 [M]. 北京：北京美术摄影出版社，2015.

[64] 刘奔腾 . 历史文化村镇保护模式研究 [M]. 南京：东南大学出版社，2015.

[65] 徐四海 . 江苏文化通论 [M]. 南京：东南大学出版社，2016.

[66] 黄美燕，义乌丛书编纂委员会，金福根摄影 . 义乌区域文化丛编 义乌建筑文化 上 [M]. 上海：上海人民出版社，2016.

[67] 陈凌广 . 古埠迷宫 衢州开化霞山古村落 [M]. 北京：商务印书馆，2016.

[68] 冯剑辉 . 走近徽州文化 [M]. 合肥：安徽师范大学出版社，2016.

[69] 美术大观编辑部 . 中国美术教育学术论丛 建筑与环境艺术卷 02[M]. 沈阳：辽宁美术出版社，2016.

[70] 王雯雯，刘童 . 北京荣宝斋木版水印技艺研究 [M]. 北京：文化艺术出版社，2016.

[71] 徐华铛 . 中国木雕牛腿 [M]. 北京：北京工艺美术出版社，中国林业出版社，2017.

[72] 冯维波 . 重庆民居 下 民居建筑 [M]. 重庆：重庆大学出版社，2017.

[73] 清镇市民族宗教事务局，清镇市布依学会 . 清镇布依族民俗文化 [M]. 贵阳：贵州民族出版社，2017.

[74] 张志远 . 国医大师张志远医论医话 [M]. 北京：中国医药科技出版社，2017.

[75] 朱裕平 . 中国工艺古董教程 [M]. 上海：上海科学技术出版社，2017.

[76] 张伟孝 . 明清时期东阳木雕装饰艺术研究 [M]. 上海：上海交通大学出版社，2017.

[77] 王佳桓 . 京华通览 北京四合院 [M]. 北京：北京出版社，2018.

[78] 马未都 . 中国古代门窗 [M]. 北京：中国建筑工业出版社，2020.

[79] 周学鹰，李思洋 . 中国古代建筑史纲要（上）[M]. 南京：南京大学出版社，2020.

[80] 马晓 . 中国古代建筑史纲要（下）[M]. 南京：南京大学出版社，2020.

2. 期刊

[1] 吴陪秀 . 试论中国传统建筑装饰的民俗文化特征 [J]. 艺术百家，2006，5.

[2] 王仲奋 . 探索皖南（徽州）古村落建筑的"身世"源流 [J]. 古建园林技术，2007，02.

[3] 王媛，曹树基 . 浙南山区明代普通民居发现的意义———以松阳县石仓为例 [J]. 上海交通大学学报，2009，2.

[4] 王仲奋 . 东阳传统民居的研究和展望 [J]. 中国名城，2009，06.

[5] 王媛 . 商业移民与住屋的炫耀性消费——以瓯江中上游地区为例 [J]. 社会科学，2012，4.

[6] 方春晖 . 浙江古建筑中的牛腿 [J]. 才智，2012，21.

[7] 吴云杰，申晓辉 . 明清徽州建筑门楼形制的类型学研究 [J]. 福建建筑，2013，04.

[8] 王东玉，张清 . 广西古砦仫佬族乡滩头围村古民居公共建筑空间特征 [J]. 华中建筑，2016，5.

[9] 曹舒婷 . 谈古徽州门楼砖雕文化 [J]. 文教资料，2016，36.

[10] 邱燕，方亮，汪颖玲 . 基于 RMP 分析的黄山市非物质文化遗产旅游开发研究 [J]. 黄山学院学报，2018，4.

[11] 赵潇欣 . 抬梁？穿斗？中国传统木构架分类辨析——中国传统木构架发展规律研究（上）[J]. 华中建筑，2018，6.

[12] 何佳佳，周瀚醇 . 徽州传统民居特点研究 [J]. 新乡学院学报，2018，10.

[13] 洪铁城。婺派建筑五大特征 [J]. 建筑，2018，11.

3. 学位论文

[1] 马全宝 . 江南木构技艺比较研究 [D]. 中国艺术研究院：北京，2013.

[2] 石红超 . 浙江传统建筑大木工艺研究 [D]. 东南大学：南京，2016.

[3] 荣侠 .16-19 世纪苏州与徽州建筑文化比较研究 [D]. 苏州大学：苏州，2017.

[4] 周宏伟 . 徽州传统民居木构架技艺研究 [D]. 深圳大学：深圳，2017.

[5] 邢与航 . 徽派古建筑中梁柱装饰艺术的研究及应用 [D]. 河北科技大学：河北，2018.

4. 其他

[1] 牛俊山 . 简明常用建筑与园林基础知识读本 . 非正式出版物 . 邢台：临西县诚信印刷厂，2009.

[2] 陈荣军 . 中国东阳龙 . 内部资料 . 金华：东阳市博物馆，2017.

致　谢

　　岁月无声，饮水思源。

　　本著得以在短时间之内顺利完成，事实上是集体性的共同成果，尤其需要感谢东阳三贤楼古建园林工程公司诸多可爱的人们，包括吴永旦先生、楼望峰老师、楼若晗老师、吴炜师傅、沈新平师傅、庄雪成师傅、陈尚英经理，以及许多我们来不及记录、并不知道姓名的工匠师傅们，感谢他们的热情介绍、悉心讲解与躬身演示，帮助我们形成了对东阳传统民居的正确认识；感谢他们借予的大量相关书籍，并引领我们参观部分民居建筑，使我们能够在较短的时间内完成调研工作。

　　感谢南京大学东方建筑研究所同人以及南京大学历史学院的师长与同学们，本著在选题、成稿、修改、编辑的过程中也得到了他们的鼎力相助。

　　愿本著能够为喜欢东阳古建筑的人们提供帮助，拙作中若有纰缪之处敬祈读者正之，也期盼能促进相应领域研究的不断深入！

詹斯曼、马晓

2020 年 9 月 30 日星期三